JN087560

自然言語処理

（三訂版）自然言語処理（'23）

©2023　黒橋禎夫

装丁デザイン：牧野剛士
本文デザイン：畑中　猛

s-66

まえがき

　本書は2023年度からラジオで開講される放送大学の専門科目「自然言語処理」の印刷教材です.

　自然言語というのは，我々が日常用いている日本語，英語，中国語など，自然発生的に生まれた言語のことで，プログラミング言語のように人工的に作られた人工言語と対比させてこうよびます. 自然言語のコンピュータ処理に関する学問分野，技術分野を自然言語処理とよびます.

　自然言語 (以降，単に言語とよびます) は我々の知的活動の根幹です. 言語を用いることによって，豊かなコミュニケーションを行い，論理的な思考を行い，各世代で得た知見を記録して後世に引き継ぐことが可能となり，これによって人類は発展を続けてきました.

　我々は特別な訓練なしに母語を習得し，無意識で使いこなせるようになります. しかし，これをコンピュータで実現することはそれほど簡単ではありません. 言葉の使い方は社会の慣習なので，その慣習をコンピュータが学ばなければなりません. また，言葉の構造や意味には多くの曖昧性があり，文脈に応じた適切な解釈を見つける必要があります.

　自然言語処理の研究はコンピュータ (電子計算機) の誕生とほぼ同時期にはじまりましたが，言葉の複雑さ，多様性，曖昧性に苦しむ時期が長く続きました. しかし，インターネットの発達とともに電子テキストが爆発的に増加し，その大規模なテキストを活用してコンピュータが言葉の使い方を学び，知識を獲得することがきるようになってきました. 2010年頃からはニューラルネットワークの利用が徐々に進み，現在ではニューラル機械翻訳が実用化され，人と自然に対話を続けられるシステムも現実のものとなりつつあります.

4

　本書では，このように進展著しい自然言語処理について，言語の性質や我々の言語使用の在り方にも十分に注意を払いつつ，ニューラルネットワークに基づく自然言語処理の仕組み，テキストの基礎解析，機械翻訳や対話システムなどの応用システムについて学びます．なお，本書は2015年度からの同科目「自然言語処理」の印刷教材をニューラル自然言語処理の進展に対応して大幅に改訂したものです．

　今後，コンピュータが自然言語をよりよく理解し，誰もが特別な訓練なく使いこなせる自然言語インタフェースがロボットや情報機器に搭載され，人間の知的活動を支援する自然言語処理応用システムがますます高度化し社会に浸透していくでしょう．本書が，自然言語処理についての入門的な役割を果たし，みなさんが今後，自然言語処理システムを健全に利活用する一助となれば幸いです．

　本書の執筆にあたっては，放送大学教育振興会の宿輪勲氏，e-フォレストの今吉敏夫氏，放送大学の秋光淳生先生に大変お世話になり，遅筆の私を辛抱強く励まして頂きました．また，早稲田大学の河原大輔先生，京都大学の清丸寛一先生には，本書原稿を閲読して頂き，細部にわたって的確な指摘を頂きました．また，ヤフー株式会社の柴田知秀氏には図表作成にご協力頂きました．ラジオ番組の放送教材作成にあたってはプロデューサーの瀬古章氏に大変お世話になりました．瀬古氏が大学時代，自然言語処理の研究室におられたことは，私にとっては大変心強い偶然でした．またラジオ番組全15回には石川真奈見さんに聞き手としてご出演頂くとともに，様々なご意見を頂きました．ここに記すとともに，深く感謝致します．

2022 年 9 月
黒橋禎夫

目　次

1 │ 自然言語処理の概要と歴史

《**目標＆ポイント**》 まず，言語の働きと特徴を整理する．次に，自然言語を
コンピュータで扱うことの難しさをまとめ，ニューラル自然言語処理の要点，
自然言語処理の基礎解析と応用システムの概要を本書の構成とともに説明す
る．また，自然言語処理の歴史を概観する．

《**キーワード**》自然言語，言語の働き，自然言語処理の難しさ，自然言語処理
の歴史

　　自然言語 (natural language) とは，我々が日常用いている日本語，英語，
中国語などのように自然発生的に生まれた言語のことをさす．これに対し
て，ある目的で人工的に作られた言語を人工言語 (artificial language) とよ
び，その代表的なものはコンピュータに指令を与える C 言語や Python な
どのプログラミング言語 (programming language) である．自然言語のコ
ンピュータ処理に関する学問分野，研究開発分野を自然言語処理 (natural
language processing, NLP) とよぶ．以降，明確な場合には自然言語のこ
とを単に言語とよぶことにする．

1.1 言語の働きと特徴

　　我々は特別な訓練なしに母語を習得することができ，また，普段ほぼ
無意識のうちに言葉を使いこなしている．しかしよく考えてみると，そ
れが我々の生活や社会をささえる根幹であることに気付く．まず，その
働きと特徴を考えよう．

言語は次のような3つの働きを持つ道具である.

- コミュニケーションの道具
- 思考の道具
- 記録の道具

言語を用いることによって，豊かなコミュニケーションを行い，論理的な思考を行い，各世代で得た知見を記録して後世に引き継ぐことが可能となる．これによって人類は発展を続けてきた．

　もう一段掘り下げて考えると，言語の根本的な働きは，ものごとに名前を付け，その関係を示すことである．これによって，上述のような道具としての働きが生まれる．ここで，言語の特徴をそのコンピュータ処理を意識しつつ整理しておこう．

1)　ものごとへの名前の付け方は恣意的である．名前そのものの恣意性に加えて，言語が異なれば，ものごとをどのように切り出して名前を付けるかということも異なり，これが翻訳の難しさにつながる．

2)　言語は社会の慣習であり，その用法は，論理的に説明できるものだけでなく，慣習であるとしか説明できないものも少なくない．少数の規則で扱えるものでないため，コンピュータが大規模なテキスト集合から言語の用法を学ぶことが必要になる．

3)　言語の語彙，用法は時代によって変化する．また，専門分野によって語の使い方が異なったり，頻繁に新語が生まれる分野もある．コンピュータもそれらに柔軟に対応し，追随する必要がある．

4)　言語で伝えようとする意味内容は，ものごとの間の複雑な関係であり，いわばネットワーク構造を持つ．しかし，音声言語も書かれた文章も1次元の音や文字の並びである．人はその間の変換を柔軟に行うが，これがコンピュータにとっては難しい処理となる．

5) 表現 (語・句・文など) と意味との対応は多対多である．すなわち，ある表現が複数の意味を持ち (多義性・曖昧性)，また逆に，ある意味を持つ複数の表現がある (同義性)．曖昧性のある表現の解釈は文脈に依存する．人間は文脈を考慮して言語を柔軟に解釈できるが，これをコンピュータで実現することは簡単ではない．

1.2 自然言語処理の概要

1.2.1 自然言語処理の難しさ

前節で言語の特徴を整理した．これに対応させて，コンピュータで言語を扱う際の難しさをまとめると次のようになる．

まず，前節の特徴 1)，2)，3) に対応して，専門用語や新語を含めて，語の用法，他の語との自然な結びつき，言語をまたぐ (例えば日本語と英語の間の) 語句の対応など，コンピュータが言語に関する膨大な知識を持たなければならない．さらに，特徴 4)，5) に対応する問題として，コンピュータが，テキスト中に存在する様々な曖昧性を解消し，柔軟に意味を解釈しなければならない．

1990 年頃までは，コンピュータで言語を扱うために人手で知識や規則を与えるアプローチがとられた．しかし，それではこのような問題を克服することはできなかった．その後，前者の問題については大規模なテキスト集合 (コーパス) からの知識の自動獲得，後者については言語の解釈を付与したコーパスの構築と機械学習の利用によって一定程度の進展があった．それでも，人間のような柔軟さで，コンピュータが言語を理解し使いこなすことは困難であった．

基礎解析

系列の解析（9章）
形態素解析, 固有表現認識

構文の解析（10章）

文の意味の解析（11章）
格解析, 感情分析, 含意関係認識

文脈の解析（12章）
照応・省略解析, 談話構造解析

ニューラル自然言語処理

語の意味の扱い（5章）
同義性, 分布類似度, 多義性

ニューラル自然言語処理の
基礎（6章）
Word Embedding, RNN言語モデル

Attention機構に基づくニューラルネットワークモデル（8章）
Transformer, BERT, 汎用言語モデル

応用システム

機械翻訳（7章）
Attention機構, End-to-end学習

情報検索（13章）

質問応答（14章）

対話システム（15章）

言語リソースの構築（3, 4章）
生コーパス, 注釈付与コーパス, 知識グラフ, ベンチマーク

図 1.1　自然言語処理の概要と本書の構成

1.2.2　ニューラル自然言語処理

　このような状況を打開したのがニューラルネットワークに基づく手法である．そのポイントは次のような点にある．

1)　単語や文の意味を数百次元の数値ベクトルを用いて柔軟・頑健に表現することができる．
2)　attention 機構により，文の中の単語間の関係や，応用システムを動作させる際に注目すべき箇所が学習によって自動的に求まる．

　自然言語処理の全体像と本書の構成を図 1.1 に示す．ニューラル自然言語処理については，まず5章で語の意味の扱いについて学んだ後，6章と8章で説明を行う．また，ニューラルネットワークを学習・評価するために必要となるコーパス，ベンチマーク・データセットなどの言語リソースについて3章と4章で説明する．

1.2.3 基礎解析

言語における意味の基本単位は語であるが，語のならび，すなわち文によって「誰が何をどうした」などの出来事や性質が表現される．さらに，文章，すなわち複数の文によって，出来事や性質の間の因果関係などが表現される．これが我々が情報や意図を伝える単位である．

このように文章によって表現される情報をコンピュータで解釈するには，日本語の場合，次のような処理が必要となる．

1. 形態素解析，固有表現認識：文を単語に分割し，各語の品詞や活用を認識し，さらに人名や地名などの固有名を認識する．
   例：太郎〈人名〉は〈助詞〉ドイツ〈地名〉語〈名詞〉も〈助詞〉
   　　話せる〈動詞〉.〈句点〉

2. 構文解析：文の構造，すなわち，文中の語句の間の修飾関係を明らかにする．
   例：
   ```
          ┌──────┐
          │   ┌──┐ ↓↓
   太郎は ドイツ語も 話せる.
   ```

3. 格解析：文中の述語と項の関係を捉える．
   例：太郎は〈ガ格〉ドイツ語も〈ヲ格〉話せる.

4. 照応・省略解析：文をまたがる語句の結びつきを解析する．
   例：
   ```
          ┌──────────────────────────┐
          ↓
   太郎は ドイツ語も 話せる. ドイツに (φガ) 留学していたからだ.
   ```

5. 談話構造解析：節，文間の意味的な結びつきを解析する．
   例：太郎はドイツ語も話せる.〈理由〉ドイツに留学していたからだ.

これらの一連の処理は，コンピュータが言語を扱うための基礎部分であり，長らく自然言語処理の根本課題であった．現在では，大規模コー

パスから学習される汎用言語モデルを基盤とし，各問題の注釈付与コーパスで追加の学習を行うことにより高精度の解析が実現されている．

これらの詳細は，9章 (系列の解析)，10章 (構文の解析)，11章 (文の意味の解析)，12章 (文脈の解析) でそれぞれ説明する．

1.2.4 応用システム

自然言語処理の本来の目的は人間のコミュニケーションや知的活動を支援することである．ニューラル自然言語処理の進展により，いよいよそれが現実のこととなり始めている．

従来は，基礎解析によるテキストの構造化を前提として応用システムが設計されていた．しかし，ニューラル自然言語処理の進展により，応用システムに関する入力と出力を学習データとして整備すれば，そこから直接的に応用システムを学習 (end-to-end 学習) することができるようになった．

機械翻訳，すなわちコンピュータによる自動的な翻訳は，常に自然言語処理のキラーアプリケーションであり，次節で述べるように自然言語処理の研究を牽引してきた．ニューラル自然言語処理の進展においても機械翻訳研究が大きく貢献しているため，ニューラル自然言語処理の発展の流れの中で先に7章で機械翻訳について説明することとする．

13章では，情報検索，また，すでに社会基盤となっているウェブのサーチエンジンなどについて説明する．

14章では質問応答について説明する．学校の国語の問題のように，与えられた文章を読解し質問に答えるという形式の質問応答で，人間に匹敵する精度が実現されている．また，何を聞いても Wikipedia やウェブなどを参照して答えてくれるオープンドメインの質問応答の進展も著しい．

15章では対話システムについて説明する．人間と自然に対話すること

ができる対話システムは古くから SF にも登場し，自然言語処理の究極の
目標であった．ここでも最近の急速な進展があり，どのような話題の雑
談にも対応できるオープンドメインの対話システムが実現されつつある．

1.3 自然言語処理の歴史

1.3.1 黎明期 (1940 年代半ば〜1960 年代半ば)

　コンピュータ (電子計算機) が生まれたのは 1940 年代半ばで，1946 年
にペンシルバニア大学で作られた ENIAC が最初のものといわれている．
当時のコンピュータは，弾道計算や暗号解読などの軍事目的が主であっ
たが，これが翻訳にも使えるのではないかと考えたのがロックフェラー
財団のウィーバー (W. Weaver) であった．

　これをきっかけに米国内で機械翻訳への関心が高まり，1952 年には，
ジョージタウン大学と IBM が共同で翻訳のプロジェクトを立ち上げた．
数百語規模の語彙について原文の単語を直接，目的言語の単語に置き換
えるという方式で，ロシア語から英語への小規模な翻訳実験が行われた．

　1957 年にロシアが人類初の人工衛星，スプートニクの打ち上げに成功
すると，それまで科学技術先進国を自負していた米国に衝撃が走った．
いわゆるスプートニク・ショックである．米国ではこれを契機に，ソ連
の科学技術の実態を知るためのロシア語から英語への翻訳を中心として，
大きな研究予算が機械翻訳に投入されることになった．

　このころから，MIT を中心に句構造文法によって文の構造を解析する
研究が活発となり，翻訳においても，原言語の文の構造を解析して句構
造で表現し，これを目的言語の句構造に変換し，そこから目的言語の文
を生成する構文トランスファー方式とよばれる方式が広まっていった．

　コンピュータによってテキストデータを蓄積し，検索するという試み
も 1950 年代から徐々にはじまっていた．IBM のルーン (H. Luhn) は，

テキストにおける重要な語はそのテキストの中で中程度の頻度の語であるということを指摘した．また，1960年代には米国のコーネル大学のサルトン (G. Salton) らによって，情報検索システム SMART が開発され，ベクトル空間モデルなどの重要な概念が提案された．

人工知能という言葉は，1956年のダートマス会議でマッカーシー (J. McCarthy) によってはじめて使われた．人工知能は人間と同様の知能をコンピュータ上で実現することを目指す研究分野であるが，言語の理解や質問応答など，自然言語に関係する研究にも関心がもたれた．

このような自然言語処理の黎明期 (1940年代半ばから1960年代半ば) は，コンピュータの処理能力が十分でなかったことも関係して，研究者が自由な発想で夢を膨らませたロマンの時代であったといえるかも知れない．

1.3.2 忍耐期 (1960 年代半ば〜1990 年頃)

1960年前後に莫大な研究費によって推進された機械翻訳の研究であったが，その後，研究が進展するほど逆に問題の難しさが認識されるという状況となった．このような状況の中で，機械翻訳の現状と将来を調査する委員会がアメリカ国立科学アカデミーに設置され，1966年に ALPAC 報告書とよばれる報告書をまとめた．それは，近い将来に機械翻訳を実用化することは困難であり，機械翻訳の研究にかわり，言語の理解を目指す基礎的な研究を行うべきである，というものであった．この報告書を契機に，米国では機械翻訳に対してほとんど研究費が出ないという状況が長らく続くこととなった．

人工知能研究においても，精神療法のインタビューの状況を模擬する素朴な対話システム ELIZA(1966年) や，限定された積み木の世界の対話システム SHRDLU(1971年) が開発されたが，言語理解や対話研究の難

しさが明確になり，チェスなどの，明確に定義された問題における探索などに興味の中心が移っていった．

　この時期の，自然言語処理に関係する重要な出来事としては，1967 年の Brown Corpus の発表がある．電子化された文書として最初の 100 万語規模の大規模コーパスであり，米国の言語の使用を調査する目的で，新聞，書籍，雑誌などから様々なジャンルのテキストをバランスよく収集したものであった．また，1968 年には，フィルモア (C. Fillmore) が格文法の考え方を提案し，その後の意味の視点からの文解析に大きな影響を与えた．

　米国では下火となった機械翻訳研究であったが，他の地域では様々な試みが続けられた．英仏の二言語が日常的に用いられるカナダのモントリオール大学では，英語からフランス語への翻訳システム TAUM の研究開発が行われ，1976 年からは天気予報に限定された翻訳システム TAUM-METEO が実用化された．

　ヨーロッパ共同体の活動の充実とともに多言語機械翻訳への要求が高まったヨーロッパでは，多言語機械翻訳システム EUROTRA の研究開発が 1978 年にはじまった．

　日本では，言語障壁のために日本の科学技術の発展が海外から見えないという批判を受け，科学技術論文抄録の日英・英日機械翻訳システムを開発する Mu プロジェクトが，科学技術庁の研究費によって 1982 年から 4 年間行われた．Mu プロジェクトには産学連携で企業から参加した研究者も多く，企業に戻った彼らによって機械翻訳・自然言語処理の研究開発が続けられ，日本の研究力の底上げがなされた．また，1986 年には電気通信基礎技術研究所 (ATR) が設立され，世界でも先駆的な試みとして，音声自動翻訳システム，いわゆる通訳システムの研究がはじめられた．

　この時期，コンピュータの処理能力が上がり，言語やテキストを扱う基本的な環境が整い，業務用コンピュータやパソコンなども普及していった．データベースの研究も進展し，1970 年，IBM のコッド (E. Codd) によって関係データベースの概念が提案され，1971 年には医学を中心としたオンライン文献データベース，MEDLINE が検索サービスを開始した．

　日本でも，1978 年にコンピュータで日本語を扱うための文字規格である JIS 漢字が制定され，また同年，東芝がかな漢字変換方式による初の日本語ワードプロセッサを発表した．これらの日本語処理環境の整備に伴い日本語のテキストデータベースも広がっていった．

　このようにコンピュータでテキストを扱うことが可能となり，データベース検索などにおいて単純なスピードの恩恵を受けることができるようになった．しかし，機械翻訳に代表される知的処理についてはまだ実用には精度が足りないという状況であった．自然言語処理の種々の解析において人手で作成した規則による解析が主流であり，複雑な言語現象に対して網羅的で整合性のある規則を作成・保守することが困難だったためである．

1.3.3　発展期 (1990 年頃〜)

　忍耐期に，コンピュータによるテキスト処理環境が整い，様々な試みを行った自然言語処理は，1990 年代から徐々に発展期に入っていった．この時期は，インターネットが世界的に普及し，社会基盤となっていった時期でもある．1990 年にバーナーズ＝リー (T. Berners-Lee) によって World Wide Web(WWW) が提唱され，1998 年には Google 社が設立された．

　1990 年代以降の自然言語処理の発展をささえたものは，大規模コーパスをはじめとする言語資源の充実と機械学習の利用であるといってよい

だろう.

Brown Corpus の経験に学び各地で言語コーパスが作られ,数億語規模の British National Corpus が作られた.また,ペンシルバニア大学において,Brown Corpus のテキストに言語の解釈 (品詞や構文) を与えたPenn Treebank が作られ,1993 年に最初の論文として発表された.Penn Treebank はその後の機械学習に基づく自然言語処理研究を牽引したデータである.

1992 年にはペンシルバニア大学が中心となって LDC(Linguistic Data Consortium) が作られ,言語資源の構築,収集,配布において,現在まで中心的役割を果たしている.ヨーロッパでは 1995 年に ELRA(European Langauge Resources Association) が作られ,日本でも 2003 年に GSK(言語資源協会),2009 年に ALAGIN(高度言語情報融合フォーラム) が設立されている.

言語資源としては,人手で収集されたテキスト集合 (コーパス),そこに注釈として与えられた言語解釈,さらにインターネットから自動収集される超大規模コーパス,Wikipedia などの集合知による辞書・知識も重要なものである.

機械翻訳においても,人手で翻訳規則を記述するのではなく,翻訳された文章を大量に集積し,これを用いて翻訳を行うという対訳コーパスに基づく翻訳の方式が考えられた.1981 年に京都大学の長尾によって提案された用例に基づく翻訳 (translation by analogy) がその発端であり,さらに,1980 年代後半から IBM のグループが音声認識などで成果をあげていた雑音のある通信路モデル (noisy channel model) の考え方をもとに統計的機械翻訳 (statistical machine translation) の研究を行った.しかし,当時は,コンピュータの処理能力や対訳コーパスの不足により十分に研究を発展させることができなかった.

　ところが，1990 年代後半あたりから計算環境や対訳コーパス環境が整い，安全保障上の動機 (機械翻訳による紛争地域の素早い情報収集) によって米国が再度，巨額の研究費を出すようになったこともあり，2000 年以降，機械翻訳研究の大きな進展がみられた．

　このような自然言語処理の成熟を強く印象づける出来事として，IBM の質問応答システム，ワトソン (Watson) が米国の人気クイズ番組「ジョパディ！」(Jeopardy!) で人間チャンピオンに勝利したというニュースが 2011 年 2 月に世界中を駆け巡った．約 3000 個の CPU からなる並列コンピュータによって，自然言語の質問を理解し，Wikipedia などの大量の情報の中から適切な回答を選択するシステムであった．

　また，DARPA の人工知能プロジェクト CALO(2003–2008 年) からのスピンオフによる音声対話システム Siri のサービスが 2010 年にはじまり，雑談を含めて音声で自由に対話できることが大きな話題となった．

1.3.4 成熟期 (2010 年頃〜)

　2010 年頃から自然言語処理においてニューラルネットワーク (neural network) の利用が本格化した．

　ニューラルネットワークは生物の神経細胞 (ニューロン) の振る舞いをモデル化したもので，1940 年代に提案されたが当時のマシンパワーでは実問題で有効性を示すのは難しい状況にあった．2000 年代に入ってマシンパワーの増大，巨大なデータの利用，アルゴリズムの改良などから再び注目されるようになり，2010 年代に入り画像認識，音声認識などの様々なタスクで大きな精度向上がみられるようになった．

　自然言語処理においてもその利用が徐々に進み，まず，2014 年にニューラルネットワークを用いた翻訳手法，ニューラル機械翻訳 (neural machine translation) が提案され，機械翻訳を一気に実用レベルの技術に押し上

げた．さらに，機械翻訳研究から生まれた attention 機構，Transformer
などが自然言語処理全体に広まり，BERT に代表される汎用言語モデル
の誕生につながった．汎用言語モデルを基盤とし，各タスクの注釈付与
コーパスを用いた追加の学習を行うことで，テキストの基礎解析は大幅
に改善した．

　さらに，Transformer の枠組みは機械翻訳だけでなく，情報検索，質問
応答，対話システムなど自然言語処理のあらゆる応用システムの基盤と
なり，オープンドメインの質問応答やオープンドメインの対話システム
を現実のものとした．

22

参考文献

長尾真「言語処理の歴史」，言語処理学会編『言語処理学辞典』総説，共立出版，2009
東京都立大学　自然言語処理研究室「自然言語処理を学ぶ推薦書籍」
　https://cl.sd.tmu.ac.jp/prospective/readings/
　（関連書籍の詳しい紹介があり，頻繁に更新されている）

演習課題

1) 自然言語と人工言語の働きや特徴の違いを考えてみよう．
2) ALPAC 報告書を読んでみよう（http://www.nap.edu/openbook.php?isbn=ARC000005 で全文を電子的に読むことができる）．

2 │ 文字列・テキスト処理の基礎

《**目標＆ポイント**》 コンピュータで自然言語を扱う上での基礎的事項として，文字コードのきまり，文字列の辞書式順序，文字列の探索の基本アルゴリズムなどを解説する．

《**キーワード**》 文字コード，辞書式順序，ハッシュ法，トライ法

2.1 文字コード

コンピュータではあらゆるデータが 0 または 1 の並びで表現されており，文字やテキストも同様である．0/1 の基本単位を 1 ビット (bit)，その 8 つの並びを 1 バイト (Byte) とよび，文字の場合は 1 バイトから数バイトで 1 文字を表現する．個々の文字に割り当てられたバイト表現（数値），または，一連の文字に割り当てられたバイト表現の全体を**文字コード**とよぶ．

2.1.1 ASCII

文字コードの基本は，アメリカで使われる文字を中心として 1963 年に制定された **ASCII**(American standard code for information interchange) である（次ページ表 2.1）．ASCII では 7 ビット（7 桁の 2 進数）で一つの文字を表す．表 2.1 では縦軸が上位 3 ビット，横軸が下位 4 ビットの 16 進数を表している．たとえば，'*a*' は 16 進数の 61，すなわち 1100001 が文字コードとなる．また，00 から 1F，および 7F は制御文字領域とよばれ，普通の文字ではなく改行 (0A)，一文字削除 (7F) など特別な機能を

24

表 2.1 ASCII

		0	1	2	3	4	5	6	7	8	9	A	B	C	D	E	F
上位3ビット 16進数	0								BEL	BS	TAB	LF			FF	CR	SO	SI
	1												ESC				
	2	SPC	!	\"	#	$	%	&	'	(	)	*	+	,	-	.	/
	3	0	1	2	3	4	5	6	7	8	9	:	;	<	=	>	?
	4	@	A	B	C	D	E	F	G	H	I	J	K	L	M	N	O
	5	P	Q	R	S	T	U	V	W	X	Y	Z	[	\	]	^	_
	6	`	a	b	c	d	e	f	g	h	i	j	k	l	m	n	o
	7	p	q	r	s	t	u	v	w	x	y	z	{	|	}	~	DEL

（下位4ビット（16進数）が横軸）

□ 制御文字領域

表すために使われる.

ASCII の 7 ビットの領域は，8 ビット文字コードの標準規格，ISO/IEC 8859 に引き継がれている.

2.1.2 JIS 漢字

日本語で普通に用いられる文字は，ひらがな，カタカナ，漢字などをあわせて数千以上ある．2 バイトで日本語の種々の文字を表す文字コード，JIS X 0208，通称 **JIS 漢字**が 1978 年に制定された (83 年，90 年，97 年に改訂).

JIS 漢字の一部を表 2.2 に示す．この表では 1 バイト目の上位 4 ビット，下位 4 ビット，2 バイト目の上位 4 ビットを示す 3 桁の 16 進数が縦軸に，2 バイト目の下位 4 ビットを示す 16 進数が横軸に配置されている．たとえば，302 と 1 の交わり，つまり 16 進数表現で 3021 は '亜' を表す.

JIS 漢字では 1 バイト目，2 バイト目ともに 21〜7E の範囲だけが使われており，ASCII の制御文字領域は使わないようになっている．JIS 漢字のうち，1 バイト目が 30 から 4F の範囲を第一水準 (常用漢字などを含

表2.2　JIS 漢字

上位12ビット（16進数）

| | \multicolumn{16}{c}{下位4ビット（16進数）} | | | | | | | | | | | | | | |
	0	1	2	3	4	5	6	7	8	9	A	B	C	D	E	F
212		、	。	,	.	・	:	;	?	!	゛	゜	´	｀	¨	
213	＾	￣	＿	ヽ	ヾ	ゝ	ゞ	〃	仝	々	〆	〇	―	—	‐	／
214	＼	〜	∥	｜	…	‥	'	'	"	"	(	)	〔	〕	[	]
215	｛	｝	〈	〉	《	》	「	」	『	』	【	】	＋	−	±	×
216	÷	＝	≠	＜	＞	≦	≧	∞	∴	♂	♀	°	′	″	℃	￥
217	＄	￠	￡	％	＃	＆	＊	＠	§	☆	★	○	●	◎	◇	
222		◆	□	■	△	▲	▽	▼	※	〒	→	←	↑	↓		
233	０	１	２	３	４	５	６	７	８	９						
234		Ａ	Ｂ	Ｃ	Ｄ	Ｅ	Ｆ	Ｇ	Ｈ	Ｉ	Ｊ	Ｋ	Ｌ	Ｍ	Ｎ	Ｏ
235	Ｐ	Ｑ	Ｒ	Ｓ	Ｔ	Ｕ	Ｖ	Ｗ	Ｘ	Ｙ	Ｚ					
236		ａ	ｂ	ｃ	ｄ	ｅ	ｆ	ｇ	ｈ	ｉ	ｊ	ｋ	ｌ	ｍ	ｎ	ｏ
237	ｐ	ｑ	ｒ	ｓ	ｔ	ｕ	ｖ	ｗ	ｘ	ｙ	ｚ					
242		ぁ	あ	ぃ	い	ぅ	う	ぇ	え	ぉ	お	か	が	き	ぎ	く
243	ぐ	け	げ	こ	ご	さ	ざ	し	じ	す	ず	せ	ぜ	そ	ぞ	た
244	だ	ち	ぢ	っ	つ	づ	て	で	と	ど	な	に	ぬ	ね	の	は
245	ば	ぱ	ひ	び	ぴ	ふ	ぶ	ぷ	へ	べ	ぺ	ほ	ぼ	ぽ	ま	み
246	む	め	も	ゃ	や	ゅ	ゆ	ょ	よ	ら	り	る	れ	ろ	ゎ	わ
247	ゐ	ゑ	を	ん												
252		ァ	ア	ィ	イ	ゥ	ウ	ェ	エ	ォ	オ	カ	ガ	キ	ギ	ク
253	グ	ケ	ゲ	コ	ゴ	サ	ザ	シ	ジ	ス	ズ	セ	ゼ	ソ	ゾ	タ
254	ダ	チ	ヂ	ッ	ツ	ヅ	テ	デ	ト	ド	ナ	ニ	ヌ	ネ	ノ	ハ
255	バ	パ	ヒ	ビ	ピ	フ	ブ	プ	ヘ	ベ	ペ	ホ	ボ	ポ	マ	ミ
256	ム	メ	モ	ャ	ヤ	ュ	ユ	ョ	ヨ	ラ	リ	ル	レ	ロ	ヮ	ワ
257	ヰ	ヱ	ヲ	ン	ヴ	ヵ	ヶ									
							…………									
302		亜	唖	娃	阿	哀	愛	挨	姶	逢	葵	茜	穐	悪	握	渥
303	旭	葦	芦	鯵	梓	圧	斡	扱	宛	姐	虻	飴	絢	綾	鮎	或
304	粟	袷	安	庵	按	暗	案	闇	鞍	杏	以	伊	位	依	偉	囲
305	夷	委	威	尉	惟	意	慰	易	椅	為	畏	異	移	維	緯	胃
306	萎	衣	謂	違	遺	医	井	亥	域	育	郁	磯	一	壱	溢	逸
307	稲	茨	芋	鰯	允	印	咽	員	因	姻	引	飲	淫	胤	蔭	
312		院	陰	隠	韻	吋	右	宇	烏	羽	迂	雨	卯	鵜	窺	丑
313	碓	臼	渦	嘘	唄	欝	蔚	鰻	姥	厩	浦	瓜	閏	噂	云	運
314	雲	荏	餌	叡	営	嬰	影	映	曳	栄	永	泳	洩	瑛	盈	穎
315	頴	英	衛	詠	鋭	液	疫	益	駅	悦	謁	越	閲	榎	厭	円
316	園	堰	奄	宴	延	怨	掩	援	沿	演	炎	焔	煙	燕	猿	縁
317	艶	苑	薗	遠	鉛	鴛	塩	於	汚	甥	凹	央	奥	往	応	
							…………									

む使用頻度の高い漢字), 50 から 74 の範囲を第二水準とよぶ.

2.1.3 JIS コード

　一つの文字コードの中では文字とコードの対応は 1 対 1 であるが, 複数の文字コードを混在させる場合には問題が生じる. たとえば 3021 という 2 バイト表現は ASCII では "0!", JIS 漢字では "亜" となる. これらを区別し, 複数の文字コードを混在させるための規格として ISO/IEC 2022 がある.

　ISO-2022-JP, 通称 **JIS** コードはこの規格に準じる方式であり, エスケープシーケンスとよぶ特殊なコード列を挿入することによって, それ以降に使用する文字コードを指定する. たとえば, "0!亜 A" という文字列の文字コード列は次のように表現される.

30	21	1B	24	42	30	21	1B	28	42	41
0	!	ESC	$	B	亜		ESC	(	B	A

テキストの先頭では ASCII が指定されていると解釈され, エスケープシーケンス "ESC $ B" 以降は JIS 漢字, エスケープシーケンス "ESC (B" 以降は ASCII と解釈される.

2.1.4 シフト JIS コード

　日本語の文字をコンピュータで扱い始めた当初は, その処理能力が貧弱であったため, ASCII に若干の変更を加えた **JIS ローマ字** (JIS X 0201 ローマ字) [1] と, 片仮名と日本語特有の記号 (かぎ括弧など), 63 文字を 16 進数の 21〜5F で定義した **JIS 片仮名** (JIS X 0201 片仮名) が標準的

---

1)　5C が \(バックスラッシュ) から ¥(円記号) に, 7E が ~(チルダ) から ‾(オーバーライン) に置き換わっている.

に用いられていた．これらを混在させるため，JIS 片仮名は 8 ビット目を 1 とし A1〜DF として扱われた．

ここにさらに，エスケープシーケンスなしで JIS 漢字を混在させたものがシフト **JIS** コードである．JIS ローマ字，JIS 片仮名と重ならないように，JIS 漢字の 1 バイト目が 81〜9F と E0〜EF の範囲に収まるように JIS 漢字のコードをシフト (マッピング) していることがその名称の由来である．

1980 年代にマイクロソフトなどによって設計され，1997 年には JIS X 0208 において標準化された．その後もながらくパーソナルコンピュータ等で広く用いられてきたが，現在では次に述べる UTF-8 に置き換わってきている．

2.1.5 Unicode

これまでに紹介した方法では，ひとつのテキストに混在させられる文字コードの種類に限界がある．これに対して，全世界で使われる文字の統一的な文字コードとして作られたものが **Unicode** である．1980 年代に業界規格として提唱されたが，現在では国際標準との一致が図られており，種々の OS やプログラミング言語の内部コードとしても採用され，その利用が広がっている．

基本的な文字，記号は 2 バイト表現 (16 進数 4 桁) の中に収められており，漢字は中国，日本，韓国を統合した CJK 統合漢字となっている．文字コードの値は U+の後に 16 進数を続けて表現する．U+0000〜U+007F は ASCII と同様であり，日本語に関係するものは，ひらがな・カタカナ (U+3040〜U+30FF)，CJK 統合漢字 (U+4E00〜U+9FFF) などである．

Unicode を実際に使用する場合，よく使用する ASCII の文字を 2 バイトで表現することは効率が悪いので，可変長の **UTF-8** という方式が用

表 2.3　Unicode と UTF-8

Unicode	UTF-8 ビット列
U+0000〜U+007F	0xxxxxxx
U+0080〜U+07FF	110xxxxx 10xxxxxx
U+0800〜U+FFFF	1110xxxx 10xxxxxx 10xxxxxx

注) x の部分にもとの Unicode の 2 進数が入る

いられることが一般的である．Unicode と UTF-8 の対応を次ページ表 2.3 に示す．たとえば，'A', 'α', 'あ' の Unicode はそれぞれ U+0041，U+03B1，U+3042 であるので，"Aαあ" という文字列の UTF-8 による表現は次のようになる．

2.2 辞書式順序

　データに順序関係を定義し，その順序関係にしたがってデータを整列することはデータ処理の基本である．データが整数や実数の場合は数の大小によって順序関係を定義することができるが，データが文字列の場合にも辞書式順序 (lexicographic order) とよばれる順序関係を考えることができる．これは，名前のとおり辞書の中で見出し語が並んでいる順に相当するものであるが，ここではもう少し厳密に定義を与えておこう．

　まず，文字の間に文字コードの値を用いて順序関係を定義する．二つの文字列間の順序関係は，文字列中の文字を前から順に比べていき，はじめに現れた異なる文字間の順序関係であるとする．異なる文字が現れる前に一方の文字列が終わってしまう場合，つまり一方の文字列が他方

の一部分となっている場合は短い方の文字列が小さいとする [2]. 具体例
としては次のようになる.

$$AB < ABC < ABD < ABa$$

これらは文字コードの順序関係に基づいているので (表 2.1 で 'D' < 'a'
を確認せよ), 一般の辞書の見出し順とは必ずしも一致しないことに注意
しなければならない. 日本語でも一般の辞書では "かがく" < "かかし"
であるが文字コードに基づく辞書式順序では逆になる.

　バイト数が異なる文字コードが混在する場合も注意が必要である. プ
ログラミング言語・処理系によってはマルチバイトの文字も文字単位で
きちんと扱うことにより文字コード順の比較・整列を実現しているもの
もあるが, 単純なバイト単位の処理の場合には整列結果がおかしくなる
こともある.

2.3 文字列の探索

　我々は辞書を引いて単語の定義や使い方を調べる. 自然言語処理にお
いても, 単語あるいは文字列 (キー) に対する種々の情報 (バリュー) を
コンピュータに保存しておき, これを取り出して利用することが頻繁に
行われる [3]. このような処理を探索 (search) とよぶ. ここでは文字列の
探索で重要な方法を二つ紹介する.

---

2)　同じ長さで, 最後まで同じ文字であれば同じ文字列となる. 実際, これが文字列の
一致を調べる手続きに相当する.
3)　キーとバリューのペアでデータを保存するキー・バリュー・ストア方式は最近の大
規模分散環境においてもデータ管理システムとして重要度が増している.

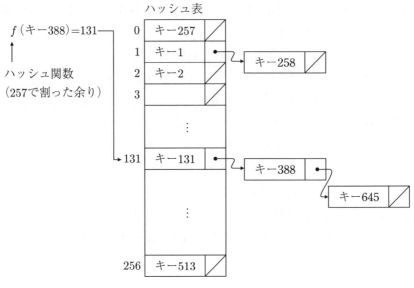

図 2.1　ハッシュ法

2.3.1 ハッシュ法

　文字列の探索を高速に行うアルゴリズムとしてハッシュ法 (hashing)
がある．これは次のような原理による．キーの取りうる値が 1 から m ま
での整数に限られていて，かつ大きさ m の配列を用意することが可能で
あるとする．この場合，キーの値が i であるとき配列の i 番目にキーを
格納しておけば，キーの値を見るだけでその格納場所に直接アクセスす
ることができる．この方法は計算量 $O(1)$，すなわちキー集合の要素数に
よらず一定の時間で探索を行うことができる．

　ところが，実際にはキーの取りうる値の範囲は非常に大きいので，そ
れだけの大きさの配列を用意することは不可能である．しかし，何らか
の方法でキーの値をある範囲の整数にマッピングすることができれば，
その範囲の大きさ分の配列を用意し，マッピングされた値にしたがって

配列に直接アクセスすることにより，やはり計算量 $O(1)$ の探索法を実現することができる．

　図 2.1 にハッシュ法の概要を示す．ハッシュ法で用意する配列はハッシュ表 (hash table) とよばれる．また，キーの値をある範囲の整数に変換することは関数を用いて行われ，この関数はハッシュ関数 (hash function) とよばれる．たとえば，ハッシュ表の大きさを m としたとき，キーの値を m で割った余りを返す関数などが用いられる．

　ハッシュ法では，二つの異なるキーがハッシュ関数によって同じ値にマッピングされることが起こりえる．このような現象を衝突 (collision) とよぶ．衝突に対する最も簡単な解決法は，ハッシュ関数の値が同じキーをリストでつないだ形で保存する方法で，この方法はチェイン法 (chaining) とよばれる (図 2.1 はチェイン法の例)．チェイン法における探索は次のように行われる．まず，入力キーをハッシュ関数によって変換し，その値の配列要素にアクセスする．そこで，もとの入力キーとその位置のキーを比較し，一致すれば該当キーを発見したことになる．一致しない場合は，そのキーからポインタをたどって次のキーとの比較を行う．ポインタがなければ，入力キーに一致するものはキー集合中にない (失敗) ということになる．

　ハッシュ法を実際に用いるには，プログラミング言語の中で実装されているものを使ったり，種々の公開されているパッケージ (たとえば Berkeley DB など) を使うことができる．

2.3.2　トライ法

　入力文字列の部分文字列の探索を行う場合，たとえば，「くるまでまっていた」という入力文字列の中から辞書 (キー集合) に含まれるものをすべて探し出したいという場合を考える．このような処理は日本語文の形

32

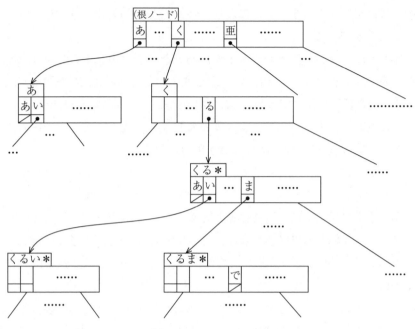

図 2.2　トライ法 (*はキーであることを示すマーク)

態素解析 (9 章) などで必要となる処理である. これをハッシュ法で行う
とすれば,「く」「くる」「くるま」「くるまで」…,「る」「るま」「るまで」…
と, すべての部分文字列に対して個々に探索を行わなければならない.
　このような場合に有効な方法として, **トライ法** (trie) とよばれるアル
ゴリズムがある. トライ法では, 次ページ図 2.2 に示すように配列の形
式ではなく木構造の形式でキー集合を管理する. 各ノードには文字種類
数の大きさの配列があり, 各文字に対応する子ノードへのポインタを管
理する. 与えられたキー集合に対する木構造データは次のようにして作
られる. 各キーに対して, 根ノードから出発してキー中の各文字にした
がって子ノードへの遷移ができるように, ポインタとノードを作成して

いく．そして，キーの末尾文字の遷移を行った先のノードに，それがキーであることのマークを与える．

図 2.2 の例では，「くる」というキーに対して，根ノードから「く」，「る」と遷移するポインタとノードが作られ，「くる」のノードにマークが与えられる．さらに，「くるま」という文字列があれば，「くる」から「ま」によるリンクとその先のノードが作られ，そこにもマークが与えられる．一方，キー集合中に「くるあ…」というものがなければ，「くる」のノードから「あ」に対応するポインタは作られない．

このような木構造データを作成すれば，入力文字列中のキーを容易に探索することができる．まず入力文字列の先頭位置からはじまる文字列を考える．根ノードから出発して入力文字列の各文字にしたがって順にポインタをたどる．たどるべきポインタは文字自身の値によって決められるので (ハッシュ法と同様の考え方)，ポインタをたどる処理は高速である．マークのついたノードに到達できればキーが見つかったことになる．そして，ある位置で遷移先がなくなれば，それ以上長い文字列を調べる必要がないことがわかるため，そこで終了する．この処理を入力文字列の各位置から行うことにより，入力文字列中のすべてのキーを効率的に探し出すことができる．

ただし，日本語の場合には，このようなトライ法の木構造データをそのまま実現することは難しい．日本語で通常用いられている文字は数千種類あるので，各ノードが持つ配列の大きさも数千ずつとなり，そのような木構造は数段で記憶領域が爆発してしまうからである．一つの解決法は，文字を単位として枝を分岐させるのではなく，文字を構成する各ビットごとに枝の分岐を行う方法である．こうすれば，各ノードでポインタを管理する配列は大きさ 2 ですむので，記憶領域の爆発を避けることができる．

34

演習課題

1) いわゆる半角，全角の違いを 2.1 節で説明した文字コードの観点か
ら考えてみよう．

2) 'あ' の Unicode と UTF-8 ビット列の関係を表 2.3 にしたがって確
認してみよう．

3 | 言語リソースの構築（1）

《**目標＆ポイント**》 自然言語処理の発展は言語リソースの構築によって支えられている．テキスト集合であるコーパス，言語的解釈や抽出すべき情報に関する注釈付与，さらに，知識グラフについて説明する．

《**キーワード**》 言語リソース，生コーパス，注釈付与コーパス，知識グラフ

3.1 言語リソースとは

　自然言語処理の研究・開発の基盤となる種々のデータを**言語リソース**または**言語資源** (language resource) とよぶ．言語リソースには，テキスト集合であるコーパスや，そこに言語の解釈や抽出すべき情報を人手で注釈として付与したものなどがある．また，知識グラフや，様々な自然言語処理タスクの問題と解答のペアの集合も言語リソースといえる．

　黎明期の自然言語処理では，研究者が言語の仕組みを内省して解析手法を考案し，小さな評価データでその有効性を議論していた．しかし，そのようなアプローチでは言語で表現される対象の多様性 (この世界そのもの，そして空想の世界までも含む) や言語現象の多様性に太刀打ちできなかった．そこで，大規模な言語リソースを構築・公開し，それらを用いて手法やシステムの良さについて再現性・客観性のある議論を行う姿勢が研究コミュニティーにおいて早くから醸成されてきた．今日でいうところのデータ駆動型研究のさきがけ的な研究分野であるということもできる．

　このような言語リソースの整備が，最近の深層学習の進展と相まって，

自然言語処理の飛躍的向上をもたらしている．なお，自然言語処理において言語リソースが極めて有効であるように，音声や画像・映像を含むマルチモーダルデータが大規模に利用可能になれば，AI やロボットの学習も大きく進展することが期待される．ただし，テキストに比べてマルチモーダルデータの収集・注釈には大きなコストがかかることが課題である．

3.2 コーパス

コーパス (corpus) とは，もともとはある主題に関する文書や，ある作者の文書を集めたものであったが，現在ではもう少し広く，文書，または音声データを集め，またそこにある種の情報を付与したものをさす．

3.2.1 生コーパス

次節で述べるような人手で様々な情報を付与したコーパスと区別するために，単に文書を集めたものを生コーパス (raw corpus) とよぶ．

電子化された文書としての最初の大規模なコーパスは米国のブラウン大学で 1960 年代に構築された 100 万語規模の **Brown Corpus** である．このコーパスは，米国の言語の使用を調査する目的で，新聞，書籍，雑誌などから様々なジャンルのテキストをバランスよく収集したものであった．このような考え方によるコーパスを均衡コーパス (balanced corpus) とよぶ．

その後，辞書学の伝統を持つ英国で 1980 年代から 1990 年代にかけて，辞書の見出し語の選定，語義の選定，用例の付与などを現実の言語使用を分析して行うことを目的として，出版社と大学との協力によって数億語規模の British National Corpus，The Bank of English などが構築された．

　現代では，ウェブ上の膨大な文書が，規模的にもジャンルや文体などの多様性の観点からも最も有用な生コーパスと考えられる．ウェブ文書コーパスは数兆語またはそれ以上の規模となる．自然言語処理におけるこのような超大規模コーパスの重要な使用目的は汎用言語モデルの学習や知識の自動抽出であり，今後，本書の中で様々な具体例を紹介していく．

　米国においては，フェアユースの考え方があり，ウェブ文書の著作権はそれぞれの著作者にあるが，ウェブ文書を収集して配布することは広く行われてきた．非営利団体である Common Crawl は 2011 年からウェブ文書を収集し，千兆バイト級のウェブアーカイブを公開している [1]．Facebook 社はこの 2018 年 12 月のアーカイブに対して重複除去，言語識別等を行い，100 を超える言語ごとに整理したコーパス CC-100 を公開している．この中には約 6,600 万文書，6.2 億文の日本語テキストも含まれる．

　日本では，以前はウェブ文書を収集することすら違法であったが，2010 年 1 月 1 日および 2019 年 1 月 1 日施行の著作権法改正によって，ウェブ文書を含む著作物を（商用を含め）情報解析のために収集，利用，配布することが認められている．

　生コーパスの中で，翻訳関係にある二言語の文対を収集したものは対訳コーパス (bilingual corpus) またはパラレルコーパス (parallel corpus) とよばれ，機械翻訳の重要な知識源となっている．また，きっちりとした翻訳関係になくとも，同じトピックに関する二言語の文書対を収集したものをコンパラブルコーパス (comparable corpus) とよぶ．たとえば Wikipedia において言語リンクでつながった日本語ページと英語ページ，同じ日の日本語ニュース記事と英語ニュース記事などで，これらも翻訳

---

1)　https://commoncrawl.org/

の重要な知識源である.

　ウェブから大規模な対訳コーパスを収集したものとして，ヨーロッパ言語間の ParaCrawl，また日英対訳コーパスとして JParaCrawl(2022 年公開の v3.0 は約 2000 万対訳文) がある．これらのコーパスでは，Common Crawl の統計を元に対訳文を含む可能性が高いウェブドメインから文書を収集し，機械翻訳を介して類似度が高い文ペアを対訳文として抽出している．機械翻訳における対訳コーパスの活用については 7 章で説明する.

3.2.2 注釈付与コーパス

　一定の規模のコーパスに対して，言語的な解釈を付与したコーパスを注釈付与コーパス (annotated corpus) とよぶ．与える注釈 (annotation) をタグ (tag) とよぶことが多いことからタグ付きコーパス (tagged corpus) ともよばれる．言語的な解釈としては，形態素，構文，語の意味，省略照応，談話関係，テキスト分類など様々なものがある.

　注釈付与コーパスの中で最も有名なものは 1990 年代はじめに米国のペンシルバニア大学で作られた **Penn Treebank**(PTB) で，Brown Corpus や Wall Street Journal の記事など約 500 万語に品詞情報，そのうち約 300 万語に構文情報が与えられた．その後も注釈の見直し，新たな情報付与などが行われ，現在広く利用されているのは 1999 年にリリースされた Treebank-3 で，Wall Street Journal の 1989 年記事約 100 万語に対して品詞・構文情報を付与している (図 3.1).

　PTB は，その後の統計的自然言語処理，機械学習に基づく自然言語処理の進展に大きく貢献した．また，PTB に触発され，他の様々な言語においても形態素，構文情報を付与したコーパスが構築された．日本語では毎日新聞の 1995 年記事約 100 万語を対象とした京都大学テキストコーパスなどがある (図 3.2)．中国語では同じくペンシルバニア大学で

```
( (S
    (NP-SBJ
      (NP (NNP Pierre) (NNP Vinken) )
      (, ,)
      (ADJP
        (NP (CD 61) (NNS years) )
        (JJ old) )
      (, ,) )
    (VP (MD will)
      (VP (VB join)
        (NP (DT the) (NN board) )
        (PP-CLR (IN as)
          (NP (DT a) (JJ nonexecutive) (NN director) ))
        (NP-TMP (NNP Nov.) (CD 29) )))
    (. .) ))
```

図 3.1　Penn Treebank-3 の例 (括弧の入れ子構造によって構造を表現し, NP(名詞句), VP(動詞句) などの構文タグ, NN(名詞), VB(動詞) などの品詞タグが与えられている)

構築された Chinese Penn Treebank などがある. さらに, 共通のガイドラインで 100 以上の言語について品詞, 形態素情報, 構文情報を付与した Universal Dependencies がある [2].

3.2.3 情報抽出のための注釈付与コーパス

　前節で説明した注釈付与コーパスは言語的解釈を付与したもので, 基本的にテキスト全体を対象として品詞や構文関係などを付与したものであった. これに対して, テキストからの情報抽出 (information extraction), すなわち重要な情報の抽出を目的としてテキストの重要箇所に注釈を付与する場合があり, これも広い意味で注釈付与コーパスといえる.

　情報抽出の最も基本的なタスクとして固有表現認識 (named entity

---

　2)　https://universaldependencies.org

```
# S-ID:950101003-001 KNP:96/10/27 MOD:2005/03/08
* 26D
村山 むらやま 村山 名詞 6 人名 5 * 0 * 0
富市 とみいち 富市 名詞 6 人名 5 * 0 * 0
首相 しゅしょう 首相 名詞 6 普通名詞 1 * 0 * 0
は は は 助詞 9 副助詞 2 * 0 * 0
* 2D
年頭 ねんとう 年頭 名詞 6 普通名詞 1 * 0 * 0
に に に 助詞 9 格助詞 1 * 0 * 0
* 6D
あたり あたり あたる 動詞 2 * 0 子音動詞ラ行 10 基本連用形 8
* 6D
首相 しゅしょう 首相 名詞 6 普通名詞 1 * 0 * 0
官邸 かんてい 官邸 名詞 6 普通名詞 1 * 0 * 0
で で で 助詞 9 格助詞 1 * 0 * 0
* 6D
内閣 ないかく 内閣 名詞 6 普通名詞 1 * 0 * 0
記者 きしゃ 記者 名詞 6 普通名詞 1 * 0 * 0
会 かい 会 名詞 6 普通名詞 1 * 0 * 0
と と と 助詞 9 格助詞 1 * 0 * 0
* 6D
二十八 にじゅうはち 二十八 名詞 6 数詞 7 * 0 * 0
日 にち 日 接尾辞 14 名詞性名詞助数辞 3 * 0 * 0
* 26D
会見 かいけん 会見 名詞 6 サ変名詞 2 * 0 * 0
し し する 動詞 2 * 0 サ変動詞 16 基本連用形 8
、 、 、 特殊 1 読点 2 * 0 * 0
```

図 3.2　京都大学テキストコーパスの例 (*が文節の区切り，*に続く数字が係り先の文節番号，形態素情報は JUMAN に準拠)

recognition, NER) がある．地名，人名，組織名などの固有名に，時間や数量などを加えたものを固有表現とよぶ．テキスト中の固有表現を正しく認識することは，自然言語処理応用において非常に重要である．

　日本語テキストにおいて固有表現の注釈，すなわち，ある範囲の単語列が固有表現であることを注釈したコーパスとして，新聞記事 1 万文に対して組織名，人名，地名，人工物名，日付表現，時間表現，金額表現，割合表現の 8 種類，のべ約 2 万個のラベルを付与した CRL 固有表現データがある．

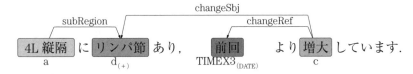

図 3.3　brat を用いた医療テキストへの注釈付与

　固有表現認識では固有表現の範囲とラベル (種類) を扱ったが，情報抽出ではさらに用語間の関係を扱うことが少なくない．そのような場合には，ウェブブラウザ上の簡便なインタフェースで注釈が付与できる brat などのツールが広く用いられている [3]．

　たとえば，医療テキストからの情報抽出において「4L 縦隔にリンパ節あり，前回より増大しています」という文に対して brat で注釈付与した例を図 3.3 に示す．ここでは，「4L 縦隔」に a(臓器・部位)，「リンパ節」に d(病変・症状) などの医療エンティティとしての分類が付与され，さらに，「4L 縦隔」と「リンパ節」の間の subRegion(位置・範囲) などの関係が付与されている．

3.2.4 注釈付与コーパスの役割と評価型ワークショップ

　注釈付与コーパスは機械学習の教師データとして利用することができる．言語解析タスクの多くは，文脈中の手がかりを統合して解釈の曖昧性を解消する問題である．そこでは，手がかりを見つけることと，その組み合わせ方を考えることが必要となるが，後者について注釈付与コーパスを教師データとして機械学習の手法を適用することができる．また，最近では前者についても深層学習に基づく汎用言語モデルによる意味表現が利用でき，後者について注釈付与コーパスを用いた fine-tuning を行うことで人間に匹敵する高精度な解析が実現されている (8 章参照)．

---

3)　https://github.com/nlplab/brat

　また，当然のこととして，注釈付与コーパスには共通の評価データとしての価値がある．新たな解析手法が提案されても，独自のデータで評価が行われたのでは，その本当の良さや問題点を知ることは難しい．注釈付与コーパスの一部を機械学習の教師データには用いずに評価データとする．評価データの注釈と自動解析結果の比較によって精度を算出し，様々な解析手法がどの程度よいか，またどのような特徴を持つかということを客観的に議論することが可能となる．

　注釈付与コーパスのもう一つの重要な役割として，自然言語処理の問題の明確化がある．たとえば，自然言語の単語に品詞があり，文に構造があることは誰もが認めることであるが，どのような品詞セット，どのような構造の表現が適切かという問題について一つの正解があるわけではない．そもそも言語には例外的で特殊な (idiosyncratic) 用法が多数存在する．ある程度の規模の実テキストを観察し，具体的に注釈を付与することによって，一貫性があり，また自然言語処理の問題として妥当な仕様・基準を定めることが可能となる．その意味で，多くの場合，注釈付与コーパスには仕様書・マニュアルが付属しており，それをきっちりと理解することが重要である．これは，分野依存である情報抽出のための注釈付与コーパスについても同様である．

　評価型ワークショップはまさにそのようなことを行う活動であり，注釈付与コーパスを設計・構築してタスクを明確化し，同時にこれを機械学習の教師データ，共通の評価データとして活用し，様々な新手法についての客観的議論を行う．古くは情報検索のワークショップ TREC (Text REtrieval Conference) があり，定期的に新たなタスクを設定して行われる CoNLL(Conference on Computational Natural Language Learning), アジアにおいても NTCIR(NII Testbeds and Community for information access Research) などがある．評価型ワークショップで構築された注釈

付与コーパスの中には，その後も様々な研究者に利用され，新手法の提案や比較に継続的に利用されているものが少なくない.

3.3 知識グラフ

　知識グラフ (knowledge graph) とは，知識をグラフ構造で表したものである. グラフ構造のノードは人物，場所，モノ，出来事，抽象概念などに対応するものでエンティティともよばれ，ノードとノードをつなぐリンクにその間の関係，例えば人物の生年月日や出生地，組織の所在地などの関係が与えらる.

　現在，オープンなもので質，量，そして更新頻度的に最良の知識グラフは，ウィキメディア財団が運営している Wikidata であり，Wikipedia の各記事からも該当する Wikidata のページがリンクされている.

　Wikidata の例を次ページ図 3.4 に示す. Wikidata ではグラフのノードは項目 (item) とよばれており，Wikipedia のページがあるような情報価値の高い人物，場所，組織，モノなど，約 1 億の項目がある. そして，項目と項目がリンクされ，リンクには約 10,000 種類のプロパティが与えられている. たとえば，図 3.4 の例では San Francisco が California にあり，人口が 744,000 人であることなどが表現されている.

　Google は，Wikipedia を主要な情報源とし，さらにスポーツの成績や株価などの最新の情報を含めた約 50 億のエンティティに関する 5,000 億を超える事実 (関係) を知識グラフとして蓄積している [4]. この情報は，Google 検索において利用されており，PC であれば検索結果の右側のナレッジパネルとよばれる部分に表示されている.

　Wikidata などが固有名などを中心に情報価値の高い知識を対象として

---

[4]　https://japan.googleblog.com/2020/05/KnowledgeGraphKnowledgePanel.html

44

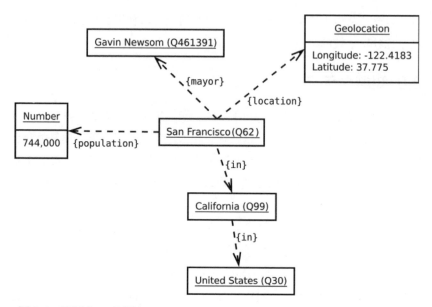

図 3.4　Wikidata の例 (https://www.wikidata.org/wiki/Help:Items/ja)

いるのに対して，1999 年に MIT の Open Mind Common Sense (OMCS)
プロジェクトによって構築が始まった ConceptNet は，人間が持つ常識
レベルの知識を対象としている [5].

　ノードに相当するのは語・句で表現される概念であり，ノードとノー
ドは RelatedTo，IsA，PartOf などの 34 種類の関係でリンクされている．
〈携帯電話，IsA，家電〉のような 2 つの概念とその関係の三つ組をファ
クトとよび，全体の規模は約 3,400 万ファクトである．

　今日では，超大規模コーパスで学習される汎用言語モデル (8 章) が非
常に強力であり，自然言語処理の観点では知識グラフの相対的価値は減
少しつつある．言語の意味や解釈が文脈依存であるためコーパスが言語

---

5)　https://conceptnet.io/

について学ぶ一義的なものであり，これは子供が言語の使用を通して言語 (と世界) について学んでいくことに近いともいえる．しかし，大人が新しいことを学ぶ時には辞書や事典が大いに参考になるように，ドメイン適応 (domain adaptation)，すなわち，特定の新たな専門分野やビジネス分野の自然言語処理システムを構築したり，精度向上させる際には知識グラフが有効活用できる可能性があり，今後の研究の進展が期待される．

演習課題

1) Penn Treebank, 京都大学テキストコーパス, Universal Dependencies などの仕様書・マニュアルはウェブ上で公開されている．それらを確認し，どのような問題が議論されているかを調べてみよう．

2) Wikidata において，自分が所属する組織や興味のある組織などにどのような知識が与えられているかを確認してみよう．

4 | 言語リソースの構築（2）

《**目標＆ポイント**》 近年の自然言語処理の進展を牽引するベンチマークの構築と，クラウドソーシングの利用について説明する．さらに，今後の学習の準備として，コーパスからの言語モデルの学習，自然言語処理を分類問題として捉える考え方を説明する．

《**キーワード**》 ベンチマーク，クラウドソーシング，言語モデル，分類問題

4.1 自然言語処理タスクのベンチマーク

　近年の自然言語処理の進展は，言語理解能力を評価するためのタスクの設計とデータセットの整備が牽引してきたともいえる．タスクとしては，感情極性の推定，文間の類似度の推定，文間の含意関係の推定，質問応答など，様々なものが考えられてきた．また，それぞれについて，解析システムの学習・評価を行うために数千から数十万のデータ (問題と解答のペア) が構築されてきた．

　さらに，最近では汎用言語モデルの進展が著しく，その効果を評価するために様々なタスクのデータセットを集約したベンチマークが作られている．代表的なベンチマークとして 2018 年に発表された 9 タスクからなる GLUE(General Language Understanding Evaluation benchmark)，さらに難易度の高い 10 タスクからなる 2019 年の SuperGLUE などがある．

　GLUE のタスクの例を図 4.1 に示す．SST-2 は映画レビューの文がポジティブであるかネガティブであるかを判断する感情分析とよばれるタスクで，図の例はネガティブである．STS-B は 2 つの文の類似度を測る

タスク名	タスクの説明	データ量	具体例 (括弧内が正しい解答)
SST-2	感情分析	7.0 万	contains no wit, only labored gags (negative)
STS-B	文間類似度	0.9 万	A man is playing a large flute.
			A man is playing a flute. (3.8)
MNLI	含意関係認識	43.3 万	前提: You have access to the facts.
			仮説: The facts are accessible to you. (含意)

図 4.1　GLUE のタスク例

タスクで，図の具体例は 5 段階中 3.8 が与えられている．MNLI はある文 (前提) が成り立つとき別の文 (仮説) が成り立つか (この関係を含意とよぶ)，前提と仮説が矛盾するか，あるいはどちらとも言えないかを判断するタスクで，図の具体例は含意が正解である ("You have access to the facts" が成り立てば "The facts are accessible to you" が成り立つ)．

　最新の汎用言語モデルに基づくシステムはこのような問題に平均スコア 90 点以上で解答することができ，これは人間のスコアを超えている．日本語においても GLUE, SuperGLUE のタスクを参考にしたベンチマーク JGLUE が 2022 年に公開されており，やはり人間に近いスコアで解答できることが報告されている．

4.2 クラウドソーシングの利用

　従来，注釈付与コーパスの構築は，言語学などの素養があり，注釈付与基準を十分に理解し，訓練を受けた作業者 (アノテータとよばれる) によって行われてきた．これは，非常にコスト (費用と時間) がかかるという問題があった．しかし，近年の深層学習に基づくモデルの学習のためには少なくとも数千から数万のデータ数が必要であり，これを従来の方式で構築することは極めて困難である．

　これに対して，言語リソースを構築する新たな手段としてクラウドソーシング (crowdsourcing) がある．広義には，Wikipedia をはじめとす

るウェブ上の集合知による辞書・辞典作成などもその一種であるが，最近では，インターネットを介して多数の人に小さな作業を委託する枠組みが発展している (作業者のことをクラウドワーカーとよぶ)．クラウドソーシングの草分け的なものは米国の Amazon Mechanical Turk というサービスであるが，現在では日本でもいくつかのサービスが利用可能である．これらを自然言語処理の言語リソース構築に活用することができる．

　感情分析や質問応答など，自然言語処理の一般的なタスクであれば一般の人々でも十分に解答できる．安価であることから，1 つの問題に複数人が解答し，その多数決をとることもできる．先に述べた自然言語処理のベンチマークタスクでは，正解データの構築にクラウドソーシングが広く用いられている．

　さらに，クラウドソーシングは，従来，専門性が求められると考えられていた言語解釈に関する注釈付与コーパス構築にも利用できる可能性がある．悩ましい言語表現の解釈について，従来は，訓練を受けているとはいえ，一人または少数のアノテータの直感でデータが作られてきた．クラウドソーシングであれば，10 人あるいはそれ以上の作業者の解釈を集めることも難しくない．言語の使用はそもそも慣習であり，多くの人がそう使うからそれが正しい使い方であるということになる．クラウドソーシングはこのような言語の性質に適したデータ構築法であるということができる．

　一方で，クラウドソーシングはたとえ多数決をとったとしてもその結果は必ずしも高品質というわけではない．クラウドワーカーの居住地を対象タスクの言語に応じて指定したり，経験値（タスク実施数）を条件として設定するなど，品質管理に注意する必要がある．また，評価データに対してシステムの精度が人の精度より高いという場合には，人というのは安価なクラウドソーシングの結果であることに注意する必要がある．

4.3 言語モデル

　前章で生コーパスについて説明した．生コーパスから抽出できる知識として，もっとも基本的でかつ重要なものは**言語モデル** (language model) である．言語モデルとは，文や表現の出現確率 (生起確率ともよぶ)，つまり文や表現が使われる確からしさを与えるものである．音声認識や機械翻訳の出力として，より妥当なものを選択する基準として有効であり，広く利用されてきた．

　近年は深層学習による汎用言語モデルの進展が著しいが (6 章，8 章)，ここではまず古典的な単語ベースの言語モデルについて説明する．

4.3.1　マルコフモデル

　言語モデルを考える準備として，**マルコフモデル** (Markov model) を説明する．簡単な例として，天気を予測する問題を考える．天気は一日単位で，晴れ，曇り，雨のいずれかであり，過去の天気から明日の天気の確率を予想する．たとえば，今日が曇りのとき，明日が晴れである確率は，条件付き確率として次のように表す．

$$P(x_{t+1} = 晴れ \,|\, x_t = 曇り) \tag{4.1}$$

ここで，x_t, x_{t+1} はそれぞれ今日と明日の天気を表す確率変数で，その値は晴れ，曇り，雨のいずれかである．

　明日の天気を予測するには，過去のある程度の長い期間を考慮する方が正確だろうが，これを過去 m 日にしか依存しないと考えることにする．このような性質を**マルコフ性** (Markov property) とよび，このようなモデルを m **階マルコフモデル**とよぶ．式 4.1 は天気を 1 階マルコフモデルで考えたものである．なお，文脈から明らかな場合には確率変数を省略

し P(晴れ | 曇り) と表す.

式 4.1 の値は, たとえば過去 1 年間の毎日の天気のデータがあれば最尤推定 [1] (maximum likelihood estimation) によって以下のように計算できる.

$$P(晴れ | 曇り) = \frac{P(曇り, 晴れ)}{P(曇り)}$$

$$= \frac{C(曇り, 晴れ)/365}{C(曇り)/365} = \frac{C(曇り, 晴れ)}{C(曇り)} \quad (4.2)$$

ここで, C(曇り), C(曇り, 晴れ) はそれぞれ「曇り」「曇り, 晴れ」が 1 年間の天気で出現した回数とする. たとえば, 前者が 100 回, 後者が 20 回であれば, P(晴れ | 曇り) = 20/100 = 0.2 となる.

4.3.2 n-gram 言語モデル

前節の天気予測の考え方, すなわちマルコフモデルの考え方は, 言語の単語の並びに対してもそのまま適用することができる. これを n-**gram 言語モデル** (n-gram language model) とよぶ.

n-gram 言語モデルでは, 単語の出現確率がその直前の $n-1$ 個の単語で決まる, すなわち $n-1$ 階マルコフモデルであると考える. n の値が 1, 2, 3 のものをそれぞれ unigram モデル, bigram モデル, trigram モデルとよぶ. たとえば bigram モデル, すなわち直前の 1 単語のみを考慮する場合の確率は次のように計算できる.

$$P(w_i|w_{i-1}) = \frac{C(w_{i-1}, w_i)}{C(w_{i-1})} \quad (4.3)$$

この時, $C(w_{i-1}, w_i)$ などは, 天気の場合と同様に大規模な単語並びの

---

1)　観測されたデータの生起確率 (尤度) を最大にするパラメータの推定法で, 式 4.2 のように相対頻度によって求まる.

データ，すなわち生コーパスから計算できる．ただし，英語のように単語間にスペースがあれば直接計算できるが，日本語や中国語の場合には単語分割を行っておく必要がある．

　n-gram 言語モデルを用いれば，ある表現や文の出現確率を求めることができる．たとえば，bigram 言語モデルでは K 個の単語，$w_1 \cdots w_K$ からなる文の出現確率は次のように求められる．

$$P(w_1 \cdots w_K) = \prod_{i=1}^{K} P(w_i | w_{i-1}) \tag{4.4}$$

ここで w_0 は文頭を表すものとする．具体的に，「私は本を買った」の出現確率は次のように計算される．

$$\begin{aligned} P(私は本を買った) \ &= \ P(私 \mid 文頭) \times P(は \mid 私) \times P(本 \mid は) \\ &\times P(を \mid 本) \times P(買った \mid を) \end{aligned} \tag{4.5}$$

　これは，マルコフ性を仮定した近似であるが，日本語文のある種の傾向を捉えている．それは，「私」の後に主題を示す「は」が現れやすい，「本」は物であるので主格を示す「が」よりも対象を示す「を」が続きやすい，「を」の後には自動詞よりも他動詞の「買う」などが現れやすいなどの傾向であり，そのためこのようにして求まる出現確率は自然な日本語文として妥当な値 (それなりに大きい値) を持つことになる．

　言語モデルは，それ単独ではある単語列の出現確率を与えるだけであるが，他の手がかりと組み合わせることで自然言語処理の応用システムで大きな威力を発揮する．たとえば，音声認識では，音響モデルによって (音として)「私和音多かった」と「私は本を買った」が同程度の確からしさである場合，後者の方が言語モデルによる出現確率が高いことから後者をより確からしい候補と判断することが可能となる．

　言語モデルの良さは，評価用テキスト $w_1 w_2 \cdots w_N$ の生起確率を単語数 N で正規化 (幾何平均) したものの逆数で評価する.

$$\frac{1}{P(w_1 w_2 \cdots w_N)^{1/N}} \tag{4.6}$$

これをテストセットパープレキシティ，または単にパープレキシティ (perplexity) とよぶ. 評価用テキストが十分に長いとして，パープレキシティが小さい，すなわち，評価用テキストの生起確率が大きい (未知のテキストをより良く予測できる) 言語モデルが良い言語モデルであると考える.

　では，n-gram 言語モデルの n をどのような値にすればよいだろうか. 一般に，長い履歴を見る方が言語モデルの値はより正確になる，すなわち，より確からしい表現により高い確率が与えられる. しかし逆に，言語表現として本来ありえる n-gram の確率がゼロになるデータスパースネス (data sparsity) の問題が深刻になる. n の値は n-gram を計算する際に利用できる生コーパスの大きさにも関係し，古くは trigram 程度がよいとされていたが，その後グーグルが大規模なウェブコーパスから計算した英語 5-gram，日本語 5-gram などが有効であることが知られている.

4.4 分類問題としての自然言語処理

　自然言語処理の多くの問題は分類問題として扱うことができ，注釈付与コーパスを教師データとして機械学習の手法を適用することができる. たとえば，英語の品詞タグ付けの問題は各単語の品詞を選ぶというわかりやすい分類問題である. 日本語文や中国語文の単語分割の問題も，文中の文字間を区切るか区切らないかの 2 値分類問題の組み合わせと考えることができる.

表 4.1 分類問題の例：「毒キノコ」

色	笠の形	柄の長さ	場所	毒
赤	○	長	地	無
赤	○	短	樹	無
青	○	長	樹	有
赤	□	長	樹	無
黄	□	短	地	有
青	□	長	樹	無
黄	□	短	地	有
黄	□	長	樹	無
黄	○	短	地	?

　ここでは，機械学習の分類問題の基本的な考え方を，「毒キノコ」の問題で説明しておこう．ここで考える問題は，キノコが，毒キノコであるか，そうでないかを見分ける 2 値の分類問題である．これを判断する手がかりを素性とよび，ここでは色 (赤，青，黄)，笠の形 (○，□)，柄の長さ (長，短)，発見場所 (樹木，地面) とする．すなわち，あるキノコはこのような特徴量の並び (特徴量ベクトル) で表現される．また，毒キノコとそうでないものの事例をすでに知っており，これを教師データとよぶ (表 4.1，各行が一つの事例)．このような教師データを用いて，新たな未知のキノコを毒が有るか無いかに分類する方策 (分類器) を学習するのである．ここで毒の有/無のように学習すべき分類をラベルとよぶ．たとえば表 4.1 の末尾の行に示した特徴量ベクトルを持つキノコは毒キノコだろうか？

　ここでは比較的素朴な方法で，かつ一般には十分に高い精度が得られるナイーブベイズ (naive bayes) とよばれる方法を紹介する．まず，入力の特徴量ベクトルを x，ラベルを y として，入力 x が与えられた条件で

最も確率が高いラベル $\hat{y}$ に分類することを考える [2]．

$$\hat{y} = \arg\max_y P(y|\boldsymbol{x}) \tag{4.7}$$

しかし，これはそのまま計算できない，すなわち，見たことのない特徴量ベクトルを分類できない．そこで，以下のように，ベイズの定理により式を変形し，arg max に関係しない $P(\boldsymbol{x})$ を除去し，さらにラベルに対して各特徴量 x_i が独立であると近似して計算を行う．

$$
\begin{aligned}
\hat{y} &= \arg\max_y P(y|\boldsymbol{x}) \\
&= \arg\max_y \frac{P(\boldsymbol{x}|y)P(y)}{P(\boldsymbol{x})} \\
&= \arg\max_y P(\boldsymbol{x}|y)P(y) \\
&= \arg\max_y \{\prod_i P(x_i|y)\}P(y)
\end{aligned} \tag{4.8}
$$

表 4.1 末尾の「色：黄，笠：○，柄：短，場：地」というキノコについて具体的に考えると，「ラベル：有」については次のように計算できる．

$$P(黄\,|\,有)P(○\,|\,有)P(短\,|\,有)P(地\,|\,有)P(有) = \frac{2}{3} \times \frac{1}{3} \times \frac{2}{3} \times \frac{2}{3} \times \frac{3}{8} = \frac{1}{27}$$

「ラベル：無」は各自計算してみてほしい．計算の結果，このキノコは毒有と分類される．（食べない方がよい！）

　たとえば，このような考え方を英語の品詞付与の問題に適用する場合は，対象とする単語そのもの，その 1 文字目が大文字かどうか，前後にどのような単語があるか，などを特徴量として用いる．

---

2)　arg max は，その下に書かれている変数（式 4.7 の場合 y）について，arg max の右側の式の値を最大とする変数の値を返す．

　このように自然言語処理の問題を特徴量に基づく分類問題として扱うことはニューラルネットワークの利用以前の考え方であるが，機械学習による自然言語処理の出発点として理解しておく必要がある．

参考文献

北研二 (著)『確率的言語モデル (計算と言語–4) 』 東京大学出版会，1999

高村大也 (著)，奥村 学 (監修)『言語処理のための機械学習入門 (自然言語処理シリーズ) 』 コロナ社，2010

演習課題

1)　日本のクラウドソーシング，たとえば Yahoo!クラウドソーシングなどのサイトにいって，言語リソースの構築に関係するタスクがあがっているか確認してみよう．実際にクラウドワーカーになって作業をしてみるのもよいだろう．

2)　毒キノコ分類の具体例について「ラベル：無」の値を計算し，キノコが毒有と計算されることを確かめよう．

5 | 語の意味の扱い

《目標&ポイント》 語の意味をどのように定義するか，また，辞書やシソーラスにおける意味の定義について説明する．さらに，同義性，多義性の問題を整理し，大規模コーパス中の共起をもとに計算する分布類似度，および語義曖昧性解消について説明する．

《キーワード》 意味，内包的定義，外延的定義，メタファー，メトニミー，辞書，シソーラス，同義性，分布類似度，多義性，語義曖昧性解消

5.1 語について

　語 (word) の意味の説明を始める前に，語について基本的な事項を確認しておこう．なお，本書では「語」と「単語」を同じ意味で用いることにする．

　まず，語をどのように定めるかについて考える．英語の場合，意味の基本単位，すなわち語を空白で区切ることが正書法である．しかし，football は，foot-ball や foot ball と表記されることもあり，やはりその定義は難しいことに注意する必要がある．

　日本語や中国語の文では，空白を用いないため，何を語とするか，複数の語をまとめたものとどのように区別するかは非常に難しい問題である．たとえば「本棚」を1語と考えるか2語（「本＋棚」）と考えるかというような問題である．

　語の中のより小さな単位の問題も考える必要がある．一般に言語の意味の最小単位を形態素 (morpheme) とよび，語は一つ以上の形態素から

構成されると考える.

　英語では,語を構成する形態素は大きく**語幹** (stem) と**接辞** (affix),接辞はさらに**接頭辞** (prefix) と**接尾辞** (suffix) に分類される.bird, play, kind などは 1 形態素 (語幹) で 1 語であり,playing (play-ing), smaller (small-er), unkind (un-kind), kindly (kind-ly) などはそれぞれ 2 形態素 (語幹と接辞) で 1 語となる.

　日本語の場合も語幹と接辞の分類を考えることができ,「ま冬」の「ま」などの接頭辞,「美しさ」の「さ」など接尾辞がある.また,活用語について,変化しない部分を活用語幹,変化する部分を活用語尾とよぶ.

　語に関する重要な区別として,**自立語** (または**内容語**,content word) と**付属語** (または**機能語**,function word) の区別がある.自立語は独立した意味を持つもので,名詞,動詞,形容詞,副詞などである.一方,付属語は自立語に伴って現れて文法的機能などを示すもので,助動詞,助詞,前置詞などである.自立語は open class,すなわち新語が生まれ,語数も非常に多いのに対して,付属語は closed class,すなわち語彙はほぼ一定であり,語数は数十程度に限られている.

　本章の以降の説明は,基本的に自立語の意味に関する説明である.

5.2 語の意味

5.2.1 語の意味の定義

　言語における意味の基本単位は語である.ある一連の対象に対して語が与えられることにより,他の語で表現される別の一連の対象との区別が可能となる.このように語は世界の様々な対象を**分節** (articulate) する働きを持ち,語が与えられることではじめてその一連の対象に対応する概念が作られるともいえる.たとえば,日本語の世界では「わびさび」という語がありその概念があるが,この語を持たない英語の世界にはこ

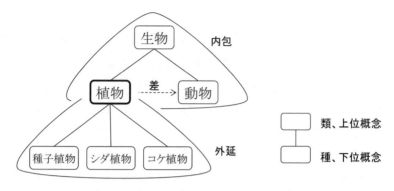

図 5.1　概念の階層と内包・外延の関係

れに明確に対応する概念がなく，その説明には苦労を要するということになる．

　語の意味，または語によって表現される概念はどのように定義することができるだろうか．ある概念について，その本質的な特徴・性質を内包 (intension) とよび，それに含まれる (属す) 全てを外延 (extension) とよぶ．内包または外延によって概念を定義することができる．数学の集合を定義する場合にもこの二通りの方法があり，次の集合 A の二つの定義の違いはわかりやすいであろう．

　　内包的定義：$A = \{x|x$ は 10 以下の奇数 $\}$

　　外延的定義：$A = \{1, 3, 5, 7, 9\}$

　一般に，概念はその関係を階層化して考えることができ，上位の階層を類または上位概念，下位の階層を種または下位概念とよぶ (図 5.1)．種は類から特徴・性質を受け継ぐ．

　内包的定義は概念の本質的な特徴・性質を示すものであるので，特徴・性質を受け継ぐ最も近い類 (最近類) を示し，さらに，その最近類の他の種と区別するための差 (種差) を示せばよい．たとえば，「植物」は最近

類が「生物」であり，「動物」との種差を示す特徴は「光合成を行うこと」
である．一方，外延的定義ではその概念に属す具体例を列挙する．これ
は，その概念を類としたときの種を示すことで実現され，たとえば「植
物」の場合には「種子植物」「シダ植物」「コケ植物」などを示すことに
なる．

　語の意味の定義として思い浮かぶのは，国語辞典などに与えられてい
る見出し語の語釈文，すなわち，語の意味を自然言語で表現したもので
あろう．そこでは，まず 1 文目で「種差＋最近類」という形で内包的定義
が与えられ，場合によっては 2 文目に外延的定義が与えられる．「植物」
の場合はたとえば次のようになる．

　　【植物】　光合成を行う生物．種子植物，シダ植物，コケ植物などが
　　ある．

　これ以外に，それがどのような要素から構成されているか，逆にどの
ようなものの構成要素となっているかという全体部分関係による定義や，
機能・目的の観点からの定義なども考えることができる．

5.2.2 語の創造的使用

　言語の使い方や意味は常に変化している．言語の変化，特に語の意味
の拡張や創造的使用の根源の一つが比喩である．比喩は，その名のとお
り「比べ，喩 (たと) える」表現で，新たなことや抽象的なことを記述・
伝達する際に，既存の具体的なものごとにたとえることで記述・伝達を
効率的で理解容易なものにする．

(1) a. 彼女はダイヤモンドのようだ.

　　b. 彼女はダイヤモンドだ.

　　c. 彼女はスターだ.

(2) a. 鍋を食べる.

　　b. 白バイに捕まる.

　　c. 漱石を読む.

　比喩の中で, (1a) のように,「〜のようだ/ような」などの比喩を明示する表現を伴うものを**直喩** (simile) とよぶ. ここでは「ダイヤモンド」の「輝く」という特徴・属性が取り出されており, このような特徴・属性を**顕現性** (salience) とよぶ.

　これに対して, (1b) のように比喩を明示する表現なしに使われるもので, やはり特徴・属性に注目するものを**メタファー** (metaphor, 隠喩) とよぶ. この場合, 一時的に「ダイヤモンド」の意味が拡張され,「輝くもの」という意味を持ったと考えることもできる. この用法が人々の中で慣習化すれば, これが「ダイヤモンド」の意味の一部として定着することもありえる. (1c) の「スター」の例は, もとの星の意味が拡張され,「輝くもの」「人気者」という意味がすでに定着したものである. 日本語の「星」の場合も「希望の星」などという場合には定着した用法と感じられる.

　一方, (2a), (2b), (2c) のように, 容器-中身, 付属物-主体, 作者-作品などの近接性の関係による比喩を**メトニミー** (metonymy, 換喩) とよぶ. メトニミーの場合も, 意味の一部として定着するものもあり, たとえば (2a) は説明されてはじめて比喩の一種であったことに気づくという例であろう.

　このような語の創造的使用は決して例外的なものではなく, むしろこ

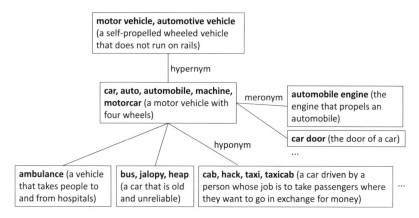

図 5.2　WordNet の synset の例

こに人間の言葉の使い方，さらには認知の仕組みの本質があると考える
べきである．

5.2.3 シソーラス

　シソーラス (thesaurus) とは，意味の上位下位関係，同義関係を中心に
語を体系的にまとめた辞書で，前節で述べた概念の階層を表現したものと
もいえる [1]．自然文によって意味を定義する辞書に比べて，コンピュー
タ処理に適していることから，自然言語処理における意味のリソースと
して広く利用されてきた．

　シソーラスの最初のものは英国の医師，ロジェ (P. Roget) によって編
纂され 1852 年に出版された **Roget's Thesaurus** とよばれるものであ
り，ここではじめてシソーラスという言葉が使われた．

　自然言語処理の分野で最も広く活用されているシソーラスは，米国の

---

1)　シソーラスは 3.3 節で紹介した知識グラフにおいて関係を制限したものともいえる
が，知識グラフよりもはるか以前から存在している．

プリンストン大学の心理学者, ミラー (G. Miller) などによって 1980 年代から継続して構築・改良されている英語のシソーラス, **WordNet** である. WordNet では, synset とよばれる同義語の集合が基本単位となり, 各 synset に対して, その上位語 (hypernym), 下位語 (hyponym), 全体語 (holonym), 部分語 (meronym) などに相当する synset がリンクされている. 図 5.2 に WordNet の synset の例を示す. ある語が多義である場合は, 複数の synset に属すことになる. たとえば, car は図 5.2 の synset 以外にも, {car, railcar, railway car, railroad car}, {car, gondola}, {car, elevator car} などの synset に属している. これは多義性の定義と考えることができ, 多義性解消において利用できる (5.4 節). 最新の WordNet3.0 は約 12 万 synset, 約 15 万語を収録しており, ウェブからダウンロードして利用することができる[2].

WordNet を他の言語に拡張することも広く行われている. EuroWord-Net プロジェクトはヨーロッパ言語への拡張を行っている. さらに, 中国語, アラビア語, インド諸言語の WordNet も存在する. 日本語についてもボンド (F. Bond) らによって日本語 WordNet が構築されている[3].

日本語のシソーラスとしては, この他に, 国立国語研究所による分類語彙表, EDR 電子化辞書プロジェクトによる概念体系辞書, NTT による日本語語彙大系などがある.

このように人手で構築されたシソーラスは高品質であるが, そのカバレッジには限界がある. 固有名詞, 専門用語, 新語, 俗語, さらに語の意味の拡張・変化など, 自然言語の語彙は膨大でかつ流動的であるからである. この問題を解決する方法としては, Wikipedia などウェブ上の進化する大規模辞書から, 用語の説明・定義が「種差＋最近類」となっ

2) http://wordnet.princeton.edu/
3) http://compling.hss.ntu.edu.sg/wnja/

ていることを利用して上位下位関係を自動抽出する方法や，次節で述べる分布類似度の考え方によって大規模コーパスを用いて同義・類義関係を捉える方法などがある.

5.3 同義性

語の意味の間には，ある意味を持つ語が複数ある**同義性** (synonymy) と，ある語が複数の意味を持つ**多義性** (polysemy) という，ちょうど真逆の二つの性質・関係があり，この取り扱いが自然言語処理における重要な課題である. まず同義性の説明からはじめよう.

5.3.1 同義語

形が異なるが意味がほぼ同じ語を**同義語** (synonym) とよぶ. ここで，語の形の異なりには様々なレベルがあり，基本的に同じ語で表記が異なる場合 (spelling variation) と，語が異なる場合に大別できる.

表記の異なり
- 綴り，字種，送り仮名の違いなど
  例) {center, centre}, {りんご，リンゴ，林檎}, {受け付け，受付}
- ネット表現などにみられる種々のくずれた表現
  例) { あつい，あっつい，あつーい }

異なる語
- 翻訳語　例) { コンピュータ，計算機 }
- 頭字語 (acronym)　例) {NHK，日本放送協会 }
- 略記　例) {He，ヘリウム }
- 類義語　例) { 美しい，きれいだ }

同義語は核となる意味は同じであるが，ニュアンスの違いや，丁寧さ，

正式さ，強調などの付加情報の違いがある．これらの違いを精緻に扱う
ことは今後の自然言語処理の課題であるが，当面の問題として，これら
が「ほぼ同じ意味である」とわかることが重要である．たとえば，情報
検索で「美しい額縁」について調べたい場合，「きれいなフレーム」とい
う表現を含む文書ともマッチして欲しいと考えられるからである．

　同義語の情報は，前節で述べたシソーラスや辞書から得ることもでき
るが，そのカバレッジは高くない．特に上記で類義語としたものの中に，
文脈に依存するもの，また句などの大きな単位での類義表現があるから
である．文脈に依存するものとは，たとえば，「落ち込む」と「冷え込む」
は単独では類義とは言えないが，「景気が落ち込む」と「景気が冷え込む」
という場合には類義と考えてよい．大きな単位での類義表現とは，たと
えば「～が大流行している」と「～の感染が広がっている」などの関係
である．これらは言い換え表現 (paraphrase) ともよばれ，その自動獲得
は重要な研究テーマとなっている．

5.3.2 分布類似度

　類義語の関係を大規模なコーパスから自動獲得する方法として，分布
類似度 (distributional similarity) という考え方がある．分布類似度とは，
「文脈の似ている語は類似している」つまり「共起する語が似ていれば類
似している」という考え方に基づく尺度である．

　まず，ある語とよく共起する語をその関連語 (related word) と考え，こ
れを求める．共起とは，二つの語がある範囲 (同一文書内，同一文内，前
後 10 語以内，係り受け関係など) で共に (同時に) 出現することをさす．
その強さの尺度としては自己相互情報量 (pointwise mutual information;

PMI) がよく用いられる.

$$\mathrm{PMI}(x,y) = \log \frac{P(x,y)}{P(x)P(y)} \tag{5.1}$$

ここで, $P(x), P(y)$ はそれぞれ語 x, y のコーパス中での出現確率, $P(x,y)$ はある範囲に x と y が共起する確率を示す.

　PMI は次のような性質を持つ. x と y に関連がなければ, その共起はランダムであるので $P(x,y) \approx P(x)P(y)$ となり, PMI≈ 0 となる. 一方, x と y に関連があれば $P(x,y) > P(x)P(y)$ となるので PMI が正の値となり, この値が大きいほど関連が強いと考えることができる. たとえば,「医者」の関連語を係り受け関係の PMI で求めると「診せる」「かかる」「宣告される」などが得られる.

　二つの語が同じような関連語を持てば, それらは類似していると考えることができる. 関連語の選択およびその一致度の計算には様々な方法が考えられる. たとえば, 語 x, y それぞれについて PMI の値が正のものを関連語とし, その集合を X, Y として, 次のような重複の割合を類似度の尺度とすることができる.

Jaccard 係数:　$\frac{|X \cap Y|}{|X \cup Y|}$

Simpson 係数:　$\frac{|X \cap Y|}{min(|X|,|Y|)}$

Dice 係数:　$\frac{2|X \cap Y|}{|X|+|Y|}$

　このような方法により,「医者」の類義語として, 同じく「診せる」「かかる」「宣告される」などを関連語として持つ「医師」「ドクター」「主治医」「先生」などを得ることができる.

　数億ページ規模のウェブコーパスを用いて, このような方法で分布類似度を計算すれば, カバレッジが高く, かつ人間の直感に近い類義語の

獲得が可能である．分布類似度の問題としては，反義語も同じような関連語を持つことから，類義語と反義語が区別しにくいという問題がある．

6.4 節では，この分布類似度の考え方をニューラルネットワークによって実現する方法を説明する．

5.4 多義性

5.4.1 多義語

表記や音が同じで，複数の異なる意味を持つ語を**多義語**とよぶ．一般には，語源が異なるものは**同綴異義語・同音異義語** (homonym) とよび，語源が同じものを**多義語** (polysemic word) とよぶ．しかし，この区別は歴史的・解釈的に明確でないものも多いので，ここではまとめて多義語とよぶことにする．

英語では多数の多義語があり，たとえば，bank は「銀行」と「土手」，interest は「利子」と「興味」という，それぞれまったく異なる複数の意味を持つ．日本語では，「こうえん」のように同音の多義語 (「公園」「公演」「後援」「講演」など) は多数あり，ひらがな表記をした場合，また音声認識やかな漢字変換では問題となる．また，カタカナ語の場合ももとの英語などの多義性を保持しているものが多い (「バンク」は bank と同様に多義である)．一方，語を表意文字である漢字で表記した場合は，多義といっても，メタファー・メトニミーによる意味の拡張など関連性を持つ多義がほとんどである．

関連性を持つ多義について，何を意味の異なりと考えるかは難しい問題である．人間用の辞書では，語義の区別は，見出しが分かれていたり，ある見出しの中の小見出しとして与えられているが，その分類や粒度は辞書ごとに違うことも多い．自然言語処理においても，各語についてどのような語義のセット (sense inventory) を考えるかということは難しい．

その先の応用システムでその語義の区別をどう使うかということを決め
なければ決まらない問題であるとも言える.

一方，漢字表記の語であっても固有名詞，専門用語の場合は意味の区
別はある程度明確である. 同姓同名の人名や複数ある地名などはその実
体に対応する多義と考えればよい.「日中」「米」のように一般語と固有
名詞で多義となる語もある.「木構造」という用語は分野によって専門用
語の意味が異なる例で，コンピュータ科学ではデータ構造の一種である
が (読みは「きこうぞう」)，建築分野では木材を用いる構造を表す (読み
は「もくこうぞう」).

5.4.2 語義曖昧性解消

各語の語義セットを定義することは難しい問題であるが，ここではそれ
が与えられたとして，ある文脈における語の語義，すなわち，実際のテキ
スト中で使用されている語の語義を選択する**語義曖昧性解消** (word sense
disambiguation, WSD) の問題を考える (**語の多義性解消**ともよぶ).

WSD の最も素朴な方法は，語義セットとして国語辞書などの語義 (小
見出し) を用いて，単純に最初の語義を選ぶという方法である. たとえ
ば，bank の辞書における語義が二つで次のように与えられているとする
と，常に $bank_1$ を選択する.

bank$_1$ an institution that keeps and lends money

bank$_2$ land along the side of a river or lake

これは，一般に辞書では最も重要で高頻出の語義が最初に挙げられてい
ることが多いという経験に基づく手法で，他のより高度な手法に対する
ベースライン (精度の比較対象) となる.

辞書の語義を用いたもう一つの基本的な方法として，辞書の語義説明

文と，解析対象の語の文脈との重複が最も大きい語義を選択するという
方法がある．初期に提案された方法で，提案者の名前から Lesk 法ともよ
ばれる．たとえば "I have little money in the bank" という文脈におけ
る bank の意味は 'money' という語の重複から bank$_1$ と判断する．辞書
の語義説明文はそれほど長くないため，語義選択のための情報を十分に
提供するとはいえず，これもベースラインの手法といえる．

　一方，各語の一定数の出現に語義を付与した注釈付与コーパスがあれ
ば，教師有り学習で問題を解くことができる (4.4 節参照)．この場合は，
各語に対する分類器を，各出現の文脈中の語を特徴量として学習する．
たとえば，bank について，check や finance が文脈中にあれば bank$_1$ で
あるということが学習できる．

　形態素や構文の注釈付与コーパスに比べると，各語について一定数の
出現が必要な語義注釈付与コーパスの構築コストは大きく，また語義セッ
トの定義の難しさもある．英語では WordNet の語義 (synset) を Brown
Corpus の中の約 20 万自立語に付与した SemCor [4] などがある．

　Wikipedia は，その見出し語となっている固有名や専門用語について，
語義曖昧性解消のための語義セットおよび注釈付与コーパスとして利用
できる．まず，多義の固有名や専門用語に対して各意味に対応する見出
し語があるので，これを語義セットと考えることができ，これは曖昧さ
回避ページとして集約されている．さらに，Wikipedia のテキスト中に
見出し語となっている固有名や専門用語が出現する場合にはその見出し
ページへのリンクが付与されている場合がある．これは，多義語の場合
には語義の注釈と考えることができる．

　このように，語の多義性は自然言語処理における重要な問題として古

4) http://web.eecs.umich.edu/~mihalcea/downloads.html#semcor

くから扱われてきた．今日では，機械翻訳であれば文全体を翻訳するモデルの中で (7 章)，単言語テキストにおいても汎用言語モデルによって (8 章)，文脈に応じて語の意味を適切に扱うことが相当程度できるようになってきている．

参考文献

山梨正明 (著)『認知文法論』 ひつじ書房, 1995

佐久間淳一, 町田健, 加藤重広『言語学入門―これから始める人のための入門書』 第
10〜13 講, 研究社, 2004

演習課題

1) 「鉛筆」「文房具」の定義を考え, 実際の国語辞典の記述と比較し
てみよう.

2) 自分の日常の言語使用の中で, どのようなメタファー, メトニミー
を用いているか考えてみよう.

6 │ ニューラル自然言語処理の基礎

《**目標＆ポイント**》 現在の自然言語処理ではニューラルネットワークを用いることが主流である．本章ではまずニューラルネットワークの基礎的な事項を説明する．その上で，単語のベクトル表現である word embedding，リカレントニューラルネットワーク (RNN) に基づく言語モデル，さらに，ニューラル自然言語処理の処理単位として用いられるサブワードについて解説する．

《**キーワード**》 ニューラルネットワーク，word embedding，RNN 言語モデル，サブワード，BPE

6.1 はじめに

　ニューラルネットワーク (neural network) は生物の神経細胞 (ニューロン) の振る舞いをモデル化したもので，1940 年代に提案された．当時のマシンパワーでは実問題で有効性を示すのは難しい状況にあった．2000 年代に入ってマシンパワーの増大，ビッグデータとよばれる巨大なデータの利用，ニューラルネットワークのアルゴリズムの改良などがあり再び注目され，2010 年代に入り画像認識，音声認識などの様々なタスクで大きな精度向上がみられるようになった．

　画像認識では，画像のピクセルデータが入力として与えられ，線や円弧などの基本的な特徴をまず抽出し，その後，顔のパーツ，顔全体というように抽出した特徴を組み合わせて，より複雑な特徴を抽出していく．従来はこの過程を人手で試行錯誤しながら設計していたが，ニューラルネットワークを用いた手法では，数十から数百層のネットワークによっ

て特徴抽出を自動化することにより，人と同程度の物体認識の精度を達成するに至った．このような多層のニューラルネットワークの学習は**深層学習** (deep learning) とよばれる．音声認識においても音響信号からの特徴抽出が必要であり，画像認識と同じような枠組みでニューラルネットワークが利用されている．

　自然言語処理においてニューラルネットワークが盛んに用いられるようになったのは 2010 年代からである．画像・音声と同様に，人手による特徴抽出の設計が必要なくなることも重要であるが，それ以上に重要なことがある．自然言語は語という記号で表現されており，これは言語の扱いやすさであり長所でもあるが，一方で，5 章で説明したように同義語，多義語の問題や，上位下位関係などにある類似した語がまったく別のものとして扱われてしまうという問題があった．ニューラルネットワーク上で語を数百次元のベクトルで表現することにより，意味を連続的に，柔軟に扱うことが可能となった．さらに，ベクトル表現によって画像・音声と言語を同一の技術で扱うことも可能となり，マルチメディア処理も大きく進展しようとしている．

　機械翻訳の研究では 2000 年代から大規模な対訳コーパスを用いる環境が整備されており，大規模な訓練データを必要とするニューラルネットワークの手法を適用する下地が整っていた．2014 年にニューラルネットワークを用いる機械翻訳方式が提案されて以降，急速にニューラル自然言語処理の研究が進展し，その技術が画像・音声処理に広まっていくということも起こっている．

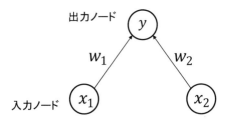

図 6.1　２入力の基本的なニューラルネットワーク

表 6.1　AND ゲートと OR ゲートの真理値表

AND ゲート			OR ゲート		
x_1	x_2	y	x_1	x_2	y
0	0	0	0	0	0
0	1	0	0	1	1
1	0	0	1	0	1
1	1	1	1	1	1

6.2 最も基本的なニューラルネットワーク

ここではまず図 6.1 に示す最も基本的なニューラルネットワークを用いてその働きを説明する．このネットワークは二つの入力 x_1, x_2 を受け取り，それぞれに重み w_1, w_2 を掛けて足し合わせ，それがあるしきい値 θ を超えれば 1 を，超えなければ 0 を出力する．出力を y で表すと，この関係は次の式で表現できる．

$$y = \begin{cases} 0 & (w_1x_1 + w_2x_2 \leq \theta), \\ 1 & (w_1x_1 + w_2x_2 > \theta). \end{cases} \tag{6.1}$$

このネットワークで，コンピュータの基本回路である AND ゲートと

OR ゲートを表現することを考える．AND ゲートと OR ゲートはいずれも 2 入力 1 出力のゲートで，その関係は図 6.1 の真理値表で表される．AND ゲートは二つの入力がともに 1 のときに 1 を出力し，それ以外は 0 を出力する．OR ゲートはすくなくとも一方の入力が 1 のときに 1 を出力し，それ以外は 0 を出力する．

図 6.1 のネットワークにおいて w_1，w_2，θ をそれぞれ 5，5，7 のように設定すれば AND ゲートが実現できる．一方，w_1，w_2，θ をそれぞれ 7，7，5 のように設定すれば OR ゲートが実現できる．すなわち，図 6.1 のネットワークはパラメータ (重みとしきい値) を調整することによって AND ゲートとしても OR ゲートとしても働き得ることがわかる．ニューラルネットワークにはこのような汎用性がある．

6.3 ニューラルネットワークの学習

ニューラルネットワークにおいて重要なことは，パラメータをどのように設定するかということである．前節の AND/OR ゲートのネットワークではパラメータが 3 つしかなく，簡単に設定することができた．しかし，実問題に対するネットワークには数千万，あるいはそれ以上のパラメータがあり，これを手動で調整することは不可能である．

ニューラルネットワークでは，訓練データとして入力と出力のペアを大量に与えることよって，パラメータを自動的に調整できる．まず，パラメータに適当な初期値を与え，訓練データの入力から出力を計算する．最初はそれは期待した出力ではないので，計算された出力と期待した出力の差を求め，その差が減るようにパラメータの値を少し変更する．これを繰り返すことによって，訓練データの入力と出力の関係をできるだけ再現し，さらに未知の入力に対しても妥当な出力を推測する (汎化能

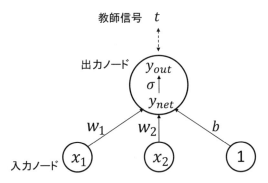

教師信号　t

出力ノード　y_{out}　$\sigma\uparrow$　y_{net}

w_1　w_2　b

入力ノード　x_1　x_2　1

図 6.2　AND ゲートのニューラルネットワークの学習

力を持つ) ネットワークを得ることができる.

　この考え方を AND ゲートのネットワークを例として説明する. まず,
図 6.1 のネットワークを図 6.2 のように修正する. 2 入力であることは
同じであるが, しきい値 θ は 3 本目のリンクの重み b として表現し (3 つ
目のノードには常に 1 が与えられる), 以下のように入力の重み付き和を
y_{net} とよぶことにする.

$$y_{net} = w_1 x_1 + w_2 x_2 + b \tag{6.2}$$

　出力ノードは, この y_{net} の値を出力するのではなく, シグモイド関数
(sigmoid function) σ を用いて次式の y_{out} の値を出力する.

$$y_{out} = \sigma(y_{net}) = \frac{1}{1 + \exp(-y_{net})} \tag{6.3}$$

シグモイド関数は図 6.3 に示す関数であり, y_{net} が 5 以上であれば y_{out}
はほぼ 1, −5 以下であればほぼ 0 となる. このようにして, 入力の重み
付き和があるしきい値を超える場合に 1 を出力するという振る舞いを実

78

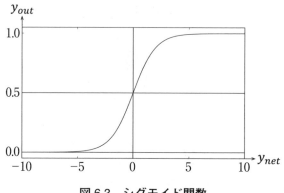

図 6.3　シグモイド関数

現する[1].

　ニューラルネットワークの学習において解くべき問題は，入力に対応する教師信号 t が与えられたときに，システムの出力 y_{out} が t に近づくように重み w_1, w_2, b を求めることである．そこでまず，システムの出力と教師信号の誤差 E を以下のように t と y_{out} の 2 乗誤差と定義する．これを損失 (loss) とよぶ．

$$E = \frac{1}{2}(t - y_{out})^2 \tag{6.4}$$

そして，この E が減少するように重みを徐々に更新していく．まず，w_1 について考え，E の w_1 に関する勾配 (gradient) $\partial E/\partial w_1$ を計算する．この値が正であれば w_1 を小さくすれば E が減少し，負であれば w_1 を大きくすれば E が減少する．そこで，以下のように $w_1^{(old)}$ を $w_1^{(new)}$ に更

---

[1]　しきい値を実現するために用いられる関数を活性化関数 (activation function) とよぶ．式 6.1 は活性化関数をステップ関数とすることを意味するが，ステップ関数は微分ができない．シグモイド関数は微分可能であり，このことが後で述べるパラメータの学習において重要である．

新する.

$$w_1^{(new)} = w_1^{(old)} - \eta \frac{\partial E}{\partial w_1} \tag{6.5}$$

ここで, η は学習率とよばれ, 重みをどの程度更新するかを制御する. このように勾配を用いて重みを更新する方法は**勾配降下法** (gradient descent method) とよばれる.

w_1 は y_{net}, y_{out} を経て E に影響するので, $\partial E/\partial w_1$ は以下のように求められる.

$$\frac{\partial E}{\partial w_1} = \frac{\partial E}{\partial y_{out}} \cdot \frac{\partial y_{out}}{\partial y_{net}} \cdot \frac{\partial y_{net}}{\partial w_1} \tag{6.6}$$

$$= (y_{out} - t) \cdot y_{out}(1 - y_{out}) \cdot x_1 \tag{6.7}$$

式 6.7 の各項は, 式 6.4, 式 6.3, 式 6.2 の偏微分によって求められる [2].

たとえば, AND ゲートのネットワークの重み w_1, w_2, b の初期値を 12, 5, -10 として学習を始めると, 入力 $(1, 0)$, 教師信号 $t = 0$ に対して,

$$\sigma(12 \times 1 + 5 \times 0 - 10) = 0.88$$

という出力を返す. この時,

$$\partial E/\partial w_1 = (0.88 - 0) \times 0.88(1 - 0.88) \times 1 = 0.09$$

となり, η を 0.1 とすると, w_1 は,

$$w_1^{(new)} = w_1^{(old)} - \eta \frac{\partial E}{\partial w_1} = 12 - 0.1 \times 0.09 = 11.99$$

---

[2] $\frac{\partial y_{out}}{\partial y_{net}}$ について, シグモイド関数 $\sigma(x) = \frac{1}{1+\exp(-x)}$ の微分は $\frac{\partial \sigma(x)}{\partial x} = \sigma(x)(1-\sigma(x))$ となり, $\sigma(x)$ の値から簡単に計算できる.

表 6.2　AND ゲートのネットワークの重みの更新 (訓練データ 100 個ずつ)

更新回数	w_1	w_2	b
0	12.00	5.00	-10.00
1	11.74	5.00	-10.26
2	11.45	5.00	-10.55
3	11.05	5.00	-10.95
4	10.74	5.00	-11.26
5	10.58	5.00	-11.42
6	10.41	5.00	-11.59
7	10.30	5.00	-11.70
8	10.21	5.00	-11.79
9	10.16	5.01	-11.84
10	10.12	5.01	-11.88

に更新される (このように 1 回の更新は微小である). 同様のことを w_2, b についても行う.

　ニューラルネットワークの実際の学習では, 多数の訓練データ (入力と教師信号の組の集合) が与えられ, 1 つまたはひとまとまりのデータを受け取って誤差の勾配を計算して (ひとまとまりのデータ場合はその和を求め) 重みを更新し, また次のデータを受け取って重みを更新する, ということを繰り返す.

　AND ゲートのネットワークで, 先ほどの初期値から始めて, 訓練データ (AND の関係を満たす入出力) を 100 個ずつ受け取って重みを 10 回更新すると, 図 6.2 に示すとおり w_1, w_2, b が AND の関係を満たす重みに近づいていくことがわかる.

　AND ゲートのネットワークは入力層と出力層だけの簡単なものであっ

たが，実際のニューラルネットワークは入力層と出力層の間に多数の中間層 (隠れ層ともよぶ) がある．その場合には，入力層から出力層へ向かってシステムの出力を計算し，出力層で誤差を計算し，その誤差勾配を今度は出力層から入力層へ向かって順番に伝播して，重みを更新する．このことから，重みの更新方法は**誤差逆伝播法** (back propagation) とよばれる．

　実際のタスクにおいては数万またはそれ以上の訓練データを用意する．訓練データ全体を 1 度走査することを**エポック** (epoch) という．各エポックにおいて全訓練データの誤差の総和が下がっていることを確認することで，学習が進んでいることを確かめることができる．学習の止め方については，数回〜数十回のエポックで止める，もしくは，評価データとは別に用意する検証データでタスクの精度を計算し，その精度が上がらなくなったら止める，などの方法がある．

　ニューラルネットワークは表現力が高いため，**過学習** (overfitting) が問題となる．すなわち，訓練データに適応しすぎることにより，訓練データでは高い精度となるが，未知のデータに対しては精度が大きく低下することがおこりえる．過学習を抑えるには**ドロップアウト** (dropout) などの手法があるが，その説明はここでは省略する．

6.4 Word Embedding

6.4.1 Word embedding とは

　ニューラルネットワークを実際の自然言語処理の問題に適用する話に進もう．自然言語処理においてニューラルネットワークを用いる最大の利点は，語を数百次元のベクトルで表現することで，意味を連続的に，柔軟に扱える点にある．この最初の成功例として **word embedding** がある．word embedding とは，ニューラルネットワークを用いて大規模な

82

関連語に基づくベクトル表現（高次元）

りんご （0 0 1 0 0 0 0 1 0 0 0 0 … … … … … … … …）

みかん （0 0 1 0 0 0 0 0 0 1 0 0 … … … … … … … …）

車 　　（0 0 0 0 0 0 1 0 0 0 1 0 … … … … … … … …）

・・・

word embeddingのベクトル表現（低次元）

りんご （0.82 -1.18 0.74 … ）

みかん （0.86 -1.23 0.54 … ）

車 　　（0.15 1.18 -0.34 … ）

・・・

図 6.4　関連語に基づくベクトル表現と word embedding のベクトル表現

コーパスから語の意味のベクトル表現を学習したものである.

　5 章で「共起する語が似ている語は意味的に類似している」という仮説に基づく分布類似度の考え方を紹介し，共起度の高い語 (関連語) の集合で語の意味を表現することを説明した. これは語彙数に対応する高次元 (数万～数十万次元) のベクトルを考え，対象語の意味を関連語の次元の値を 1, それ以外の次元の値を 0 とするベクトルで表現することに相当する. これに対して，word embedding では語の意味を低次元 (数百次元) の密なベクトルで表現する (図 6.4). embedding とよばれるのは語の情報を低次元に埋め込んでいるからである.

　word embedding による語のベクトル表現を用いることで，様々な自然言語処理タスクで精度向上がみられた. また，word embedding のベクトルの足し算・引き算について面白い振る舞いがみられた. 単語 w のベクトルを v_w で表すと，たとえば，v_{king} から v_{man} を引き v_{woman} を

足すと，v_{queen} に近くなる.

$$v_{king} - v_{man} + v_{woman} \fallingdotseq v_{queen}$$

このように，意味の計算がベクトルの足し算・引き算で実現される可能
性が示唆されたこともあり word embedding が注目を集めた.

6.4.2 Word embedding の学習

　word embedding の学習は，ある語の妥当な意味表現はその周辺の語
(文脈語とよぶ) をより良く予測できるものであるという考え方に基づく.
5 章で説明した関連語による語のベクトル表現は文脈語を "数える" こと
によって作られるのに対して，word embedding は文脈語を "予測する"
ことによって作られる.

　word embedding の学習は図 6.5 のようなニューラルネットワークで実
現することができる．1 層目は入力を受け付ける層で，語彙数分 (たとえ
ば 3 万個) のノードが並んでおり，それぞれに単語が対応している．2 層
目はたとえば 600 個のノードからなる中間層で，それぞれ入力層の各ノー
ドと繋がっている (全結合とよぶ)．その繋がりには前節のネットワーク
と同様にそれぞれ重みが与えられている．3 層目は出力層であり，再び
語彙数分のノードが並んでいる．やはり，中間層の各ノードとある重み
で繋がっている．出力層からの出力にはシグモイド関数を適用する.

　このネットワークを用いて，「より良く文脈語を予測する」ことを次の
ように学習する．コーパス中の各単語 w に対して，それに対応する入力
層のノードに 1 を，他のすべてのノードに 0 を与える (この表現を単語
の **one-hot** ベクトルとよぶ)．そして，コーパス中の w の周辺の語 (た
とえば前後それぞれ 5 単語) を文脈語とし，出力層において文脈語に対
応するノードの出力 y_{out} を 1 に近付けることを目標とする．一方で，無

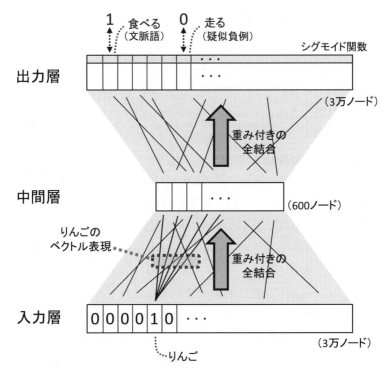

図 6.5　word embedding を計算するニューラルネットワーク

関係であると考えられる語を予測しないように，文脈語の 10 倍程度の語をランダムに選択し (これを疑似負例とよぶ)，その語に対応するノードの出力 y_{out} を 0 に近付けることを目標に加える．

　これは，文脈語，疑似負例の教師信号 t をそれぞれ 1, 0 として，以下の式で与えられる誤差 E を小さくするようにネットワークを学習するこ

表 6.3　word embedding において「りんご」との類似度が高い語

単語	類似度	単語	類似度
リンゴ	0.859	イチゴ	0.777
みかん	0.836	いちご	0.749
栗	0.793	ぶどう	0.745
マンゴー	0.787	トマト	0.741
柿	0.779	大根	0.732

とに相当する [3).

$$E = -\log(y_{out}^{t} \cdot (1 - y_{out})^{1-t}) \tag{6.8}$$

このように学習したネットワークにおいて，語 w に対応する入力層の
ノードから中間層の各ノードへの重みが w のベクトル表現となる．すな
わち，中間層のノード数がベクトル表現の次元数となる．

　CC-100 の日本語ウェブテキスト 1,000 万文から word embedding を学
習した結果，「りんご」との cosine 類似度が上位となった語を表 6.3 に示
す．異表記の「リンゴ」との類似度が一番高く，続いて他の果物との類
似度が高いことがわかる．

6.5 RNN 言語モデル

　次に，ニューラルネットワークを用いて言語モデルを学習する方法を
説明する．4 章で述べたとおり，言語モデルは文脈 (単語列) を入力として
次の単語を予測するものであるが，従来はデータスパースネスの問題か
ら 5-gram，すなわち前の 4 単語程度までを考慮することが限界であった．

　これまでに紹介してきた，ニューラルネットワークは内部にループを持
たず，フィードフォワードニューラルネットワーク (feedforward neural

---

3)　t が 1 の場合，$E = -\log y_{out}$ となり，y_{out} が大きければ E が小さくなる．t が 0
の場合，$E = -\log(1 - y_{out})$ となり，y_{out} が小さくなれば E が小さくなる．

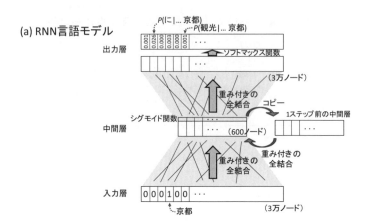

(a) RNN言語モデル

(b) RNN言語モデルを展開したもの

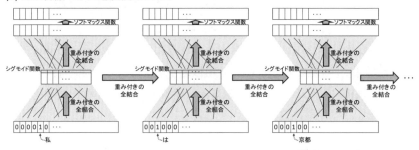

図 6.6　RNN 言語モデルのネットワーク

network; FFN) とよばれる.

　これに対して，リカレントニューラルネットワーク (recurrent neural network; RNN) とよばれるネットワークを用いれば，より長い単語履歴を考慮する言語モデルを自然に実現することができる．このような言語モデルを **RNN 言語モデル** (RNN language model) とよぶ.

　RNN 言語モデルのネットワークを図 6.6(a) に示す．その基本構成はword embedding のモデルに近く，入力層，中間層，出力層の 3 層からな

る．言語モデルとしてある単語 w_i に続く単語を予測する場合，入力層に
単語 w_i の one-hot ベクトルを与える．中間層は，入力層と全結合されて
いるだけでなく，1 ステップ前，すなわち，1 つ前の単語を入力した時の
中間層とも全結合されている．このようなループを構成する結合がリカ
レント (再帰型) とよばれる理由である．それらの重み付き和にシグモイ
ド関数を適用したものが中間層の各ノードの値となる．

　出力層は中間層と重み付きで全結合されている．このようにして求ま
る出力層の各ノードの値 o_j に対して以下の計算を行い，これを対応する
単語 w_j の予測確率とする．

$$P(w_j|w_i) = \frac{\exp(o_j)}{\sum_k \exp(o_k)} \tag{6.9}$$

この関数はソフトマックス関数 (softmax function) とよばれるもので，
ニューラルネットワークにおいて広く用いられている．出力層の各ノー
ドの値は様々な実数値であるが，ソフトマックス関数はそれらを，それ
ぞれ 0 から 1，足して 1 となるように変換する働きを持つ．

　図 6.6(a) は展開すると図 6.6(b) のようになる．「私は」の次の単語を
予測する場合は，「私」の次の単語を予測した時の中間層の値を保存して
おき，この値と，次の入力「は」から中間層の値を計算し，そこから出
力層の値を計算する．さらに，「私は京都」の次を予測する場合も，「私
は」まで考慮した中間層の値と「京都」から次を予測する．このように，
RNN では過去の入力の系列を中間層の値として保持できるため，時系列
の情報処理に適した枠組みとなっている (言語の単語列も一種の時系列
情報である).

　4 章の言語モデルと同様，生コーパスが RNN 言語モデルの訓練データ
となる．ただし，word embedding と同様に "数える" のではなく "予測

する”ことで学習を行う．コーパス中の単語列に対して，順に式 6.9 で
与えられる次の単語の予測確率の分布を計算し，実際に次に現れる単語
の確率が大きくなるように重みを更新する．具体的には，予測確率の分
布と，実際に次に現れる単語を 1，他を 0 とする分布との交差エントロ
ピー (cross entropy) を損失として学習を行う (本書ではその数学的説明
は省略する)．

　なお，RNN では学習時に時系列をさかのぼって (図 6.6(b) で右から左
へ) 誤差を伝播させる必要があるが，計算量の問題から通常は数十ステッ
プごとに区切って学習を行う．すなわち考慮する履歴の最大長は数十単
語程度である．

　実際に，CC-100 の日本語ウェブテキスト 1,000 万文を用いて RNN 言
語モデルを学習した結果，次のような値が求められるようになる．

$P(行く \mid 私は京都に) = 0.0301$

$P(住む \mid 私は京都に) = 0.0222$

$P(食べる \mid 私は京都に) = 0.0002$

$P(行く \mid 明日私は京都に) = 0.0351$

$P(住む \mid 明日私は京都に) = 0.0097$

6.6 サブワード

　ニューラル自然言語処理では，式 6.9 のようにソフトマックス関数に
よる語の予測確率の計算が頻繁に行われる．この時，分母を計算するた
めには扱う全語彙に対する計算が必要となり，現在の高速な計算機でも
大きな計算コストとなる．そのため，専門用語を含めた数十万規模の語
彙を扱うことは容易ではなく，3 万語程度の語彙に制限することが一般
的である．

表 6.4　日本語 Wikipedia テキストから求まるサブワード語彙

サブワード	頻度	サブワード	頻度
の	14,227,908	…	…
、	13,814,171	要件	4,842
に	9,888,726	##おう	4,841
。	9,725,348	##寿	4,840
は	8,681,682	本国	4,839
を	7,661,001	##善	4,839
が	6,561,819	タッチ	4,839
…	…	…	…

　語彙を制限する一つの方法は，訓練テキスト等で単語頻度を調べ，頻度上位の 3 万語を採用し，それ以外の低頻度語は特殊トークン [UNK] に置き換えて扱うことである．しかし，3 万語の語彙は，多様な実テキストを扱う上で十分なサイズとはいえない．

　そこで，単語をより短い単位であるサブワード (subword) に分割し，3 万個のサブワードを扱うことで実質的に扱える語彙数を大幅に増やすことができる．たとえば，high, higher, highest, low, lower, lowest という語彙を考えた場合，higher を high と ##er に，highest を high と ##est などに分解すれば (##は前のサブワードに結合して単語となることを表す記号)，high, low, ##er，##est の 4 つのサブワードで 6 単語を扱うことができる．この方法は機械翻訳の分野で提案され，現在ではニューラル自然言語処理全般で利用されている．

　サブワード語彙を求める代表的なアルゴリズムとして **Byte Pair Encodeing**(BPE) がある．BPE では，まずコーパス中の単語をすべて文字単位にばらして各文字をサブワードとし，次に単語の中で連続している最頻出のサブワードペア (最初は 2 文字) を見つけて，それをあらたなサブワードとして採用する．これを指定した個数のサブワードが得られるまで繰り返す．

　日本語の Wikipedia コーパスに対して 3 万個のサブワードを求めた結果のサンプルを表 6.4 に示す．なお，日本語の場合には単語が空白で区切られていないため，まず形態素解析 (9 章参照) を行って単語に区切ってから BPE 等でサブワードに分割する．一方，単語区切りの基準が形態素解析システムごとに異なるという問題を回避するために，文から直接サブワードを求める場合もある．

　なお，実際のニューラル自然言語処理では，ほとんどの場合サブワードが入力や処理の単位となるが，本書の以降の説明では支障のない範囲で簡略化して語を単位として説明を行う．

参考文献

斎藤康毅 (著)『ゼロから作る Deep Learning』　オライリー・ジャパン，2016

斎藤康毅 (著)『ゼロから作る Deep Learning 2 －自然言語処理編』オライリー・ジャ
　パン，2018

演習課題

1)　誤差の勾配を求める式 6.7 の導出を自分で行ってみよう.

2)　意味のベクトル表現である word embedding の問題点について考え
　てみよう.

7 | 機械翻訳

《目標＆ポイント》 グローバル化の進展にともない機械翻訳への期待がますます高まっている．近年のコーパスに基づく機械翻訳の進展，統計的機械翻訳とニューラル機械翻訳，機械翻訳の評価尺度について解説する．さらにend-to-end 学習の様々な問題への適用について述べる．

《キーワード》 統計的機械翻訳，IBM モデル，単語アライメント，ニューラル機械翻訳，BLEU，end-to-end 学習

7.1 はじめに

　ある言語 (原言語，source language) から別の言語 (目的言語，target language) へのコンピュータ処理による翻訳を機械翻訳 (machine translation) とよぶ．機械翻訳はコンピュータの発明とほぼ同時に着想され，その後，自然言語処理のキラーアプリケーションとしてその研究開発を牽引してきた．

　1990 年代からは対訳コーパスを用いて翻訳を行う方法が研究され，さらに近年のニューラルネットワークを用いた翻訳手法の急速な進展により実用レベルの翻訳精度が実現されている．ウェブ上の無料サービスを含め，人々にとって身近なものとなってきている．

7.1.1 機械翻訳の難しさ

　言語は社会の慣習であり，その慣習は言語依存で，言語によって異なる部分が少なくない．機械翻訳の難しさは，言語間に存在する様々なず

れが原因となっている.

語彙のずれ　言語間の語句の対応は 1 対 1 ではない. 原言語のある語が
目的言語ではいくつかの語に対応し, 文脈に応じて訳し分けが必要と
なることが少なくない. たとえば, 英語の「put on」は, 日本語では
目的語によって「帽子を<u>かぶる</u>」「めがねを<u>かける</u>」「服を<u>着る</u>」「靴
を<u>はく</u>」となる. また, 一般には「飲む=drink」であるが,「スプー
ンでスープを<u>飲む</u>」の場合には「<u>eat</u> soup with a spoon」となる.

語順の違い　言語によって語順が異なる. 日本語は述語が文末で項の語
順が比較的自由であるのに対して, 英語は主語, 動詞, 目的語の順
で固定的である.

構造のずれ　単純な語順の違いは構文解析によって吸収できる, すなわ
ち, 語の依存関係をみれば同じ構造となる. しかし, 構造がさらに
異なる翻訳関係も少なくない.「A が B によって C になった」と「<u>B</u>
makes A C」では主語が異なり,「彼女は髪が<u>長い</u>」と「She <u>has</u> a
long hair」では文の主辞が異なる.

明示する表現の違い　言語によって明示する表現が異なる. たとえば,
英語では単数・複数を区別し, 冠詞を用いるが, 日本語ではこれら
がないため, 日本語から英語への翻訳で問題となる. 逆に, 日本語
では「二枚」「三杯」など様々な助数辞 (counter) が使われるが, 英
語にはないので, 英語から日本語への翻訳で問題となる.

7.1.2 機械翻訳の歴史

　機械翻訳の着想は, コンピュータの誕生後まもない 1947 年に, ウィー
バー (W. Weaver) がブース (A.D.Booth) に送った手紙で, ロシア語から
英語への翻訳研究を提案したことにはじまるといわれている. 1980 年代

には，日本やヨーロッパで機械翻訳のプロジェクトが行われたが，この頃のアプローチは，規則によって原言語文の構文を解析し，原言語から目的言語への構造的変換を行うもので，**構文トランスファー方式** (syntactic transfer) とよばれるものであった．しかし，前節で述べたような言語間の様々なずれを人手の規則によって扱うことは難しく，高い精度の翻訳を実現することは困難であった．

そのような中で，1981 年に長尾がアナロジーに基づく翻訳 (translation by analogy) を提唱した．これは，それまでとはまったく異なる考え方で，過去の翻訳用例を用いて，それらを組み合わせることで新たな翻訳文を作り出すというものであった．今日ではこの方式は**用例に基づく翻訳または用例翻訳** (example-based machine translation; EBMT) とよばれる．

一方，IBM の研究グループが 1980 年代後半から統計的な考え方に基づく**統計的機械翻訳または統計翻訳** (statistical machine translation; SMT) の研究を開始し，1991 年に代表的な論文を発表した．大量の対訳文データを用いて，語の対応や語順の並べ替えを統計的に学習し，それに基づいて翻訳を行うものであった．

用例翻訳も統計翻訳も，大量の対訳データを用いるという点では一致しており，これらをあわせて**コーパスに基づく翻訳** (corpus-based machine translation) または**データに基づく翻訳** (data-driven machine translation) とよぶ．これらは，対訳データ中に表現された言語の間の対応を，様々なずれを含めてコンピュータが自動的に学習するというアプローチである．提案当時には大規模な対訳データが存在しなかったが，その後，100 万文規模の大規模な対訳データが利用できるようになり，英語とフランス語のように類似した言語間であれば解釈可能な翻訳が得られるようになっていた．しかし，多くの言語対では不自然な翻訳が多く，実用レベ

ルとはいえない状況であった.

　この問題を一気に解決したのがニューラル機械翻訳 (neural machine translation; NMT) である. NMT もコーパスに基づく翻訳の一種であるが, 従来と異なるのは単語や文の意味をベクトルで表現する点にある. NMT の最初の提案は 2014 年であったが, そこからわずか数年でそれまで主流であった統計翻訳の精度を完全に抜き去った. 2016 年 11 月からは Google のウェブ翻訳サービスの日英翻訳もこの方式に置き換わり, 一般の人々にもその高い性能が広く知られることとなった.

7.2 統計的機械翻訳

7.2.1 IBM モデル

　ウィーバーはブースへ宛てた手紙の中で次のように述べ, 翻訳のプロセスを暗号解読 (decode) として捉えた.

　　When I look at an article in Russian, I say: "This is really written in English, but it has been coded in some strange symbols. I will now proceed to decode."

1991 年に発表された IBM の統計的機械翻訳のモデル (IBM モデル) は, このウィーバーの考え方を数学的に定式化したものであった.

　以下の説明では原言語を日本語, 目的言語を英語, すなわち日本語から英語への翻訳を考える. 統計翻訳では, 与えられた原言語の文 j に対して, 目的言語の様々な文 e の中から, j が e に翻訳される確率 $P(e|j)$ が最大となる $\hat{e}$ をその翻訳と考える. これは次の式で表現される.

$$
\begin{aligned}
\hat{e} &= \underset{e}{\arg\max}\, P(e|j) \\
&= \underset{e}{\arg\max}\, \frac{P(j|e)P(e)}{P(j)} \\
&= \underset{e}{\arg\max}\, P(j|e)P(e)
\end{aligned}
\tag{7.1}
$$

96

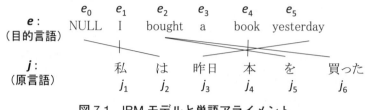

図 7.1　IBM モデルと単語アライメント

　この式の最後の形は次のように解釈できる．ある確率 $P(e)$ で目的言語の文 e が生成され，それが雑音 $P(j|e)$ の影響を受け，我々が観測できるのは j となる．すなわち，観測される j からもとの e への暗号解読が翻訳となる．このようなモデルは**雑音のある通信路モデル** (noisy channel model) とよばれ，当時すでに音声認識などで広く用いられていた．

　ここで $P(e)$ は言語モデルであり，目的言語の英語文 e の尤もらしさ (尤度) を計算するモデルである (4 章)．一方，$P(j|e)$ は**翻訳モデル** (translation model) とよばれ，英語文 e が日本語文 j に翻訳される確率を示す．はじめに考えたのは $P(e|j)$ であったが，これだけで $\hat{e}$ を求めるにはこのモデルが単独で非常に高い精度である必要がある．一方，$P(e)$ と $P(j|e)$ で $\hat{e}$ を求めることにすれば，二つのモデルが助け合うことができる．これは，音声認識や品詞タグ付け (9.1 節) においても共通する考え方である．

　問題となるのは，$P(j|e)$ をどのようにモデル化するかという点で，言語モデルの場合と同様，これを直接計算することはできない．そこで，IBMモデルでは大胆な近似を行う．目的言語文を英語文 $e = \{e_1, e_2, e_3, ..., e_l\}$，原言語文を日本語文 $j = \{j_1, j_2, j_3, ..., j_m\}$ と表すと，英語文に $e_0 = \text{NULL}$ という仮想的な語を導入した上で，英語の各単語 e_i がそれぞれ何語かの日本語単語を生成する確率，英単語 e_i が日本語単語 j_k に翻訳される確率，そして，英語文の i 番目の単語が日本語文の k 番目の単語となる確

率 (翻訳における語順の並び替えを表現) の積で $P(j|e)$ を近似する．この翻訳生成過程は図 7.1 に示す単語の対応付けで表現できる．これを単語アライメント (word alignment) とよぶ．

　統計翻訳のポイントは，対訳辞書などを用いずに対訳コーパスのみを用いて，単語アライメントとパラメータ (各確率) 推定を同時に自動的に行う点にある．それは，対訳コーパスの全対訳文ペア (j, e) についての $P(j|e)$ の積を最大化することを目標に，パラメータの自動調整を繰り返すことによって実現される．このような考え方は単語アライメントに限らない一般的なもので，**EM** アルゴリズム (expectation-maximization algorithm) とよばれる．

7.2.2 統計翻訳の発展

　1995 年〜2015 年頃までの間，IBM モデルを基盤として統計翻訳を改良する様々な研究が行われた．

　IBM モデルは単語を個別に扱っているため，言語モデルで目的言語の文としての自然さを考慮するとはいえ，十分な精度の翻訳を行うことは困難であった．これに対して，単語ではなく句 (phrase) を単位として翻訳を行う句に基づく統計翻訳 (phrase-based SMT) という方式が提案された．ここでいう句とは，名詞句，動詞句などの文法的な句ではなく，単に単語の並びを意味する．句に基づく統計翻訳では，IBM モデルの単語アライメントの結果から句の対応とその確率を計算する．これによって統計翻訳の精度が大きく向上した．

　統計翻訳の精度が向上したもう一つの要因として，$\hat{e}$ を式 7.1 のように求めるのではなく，$P(e|j)$ を特徴量関数 $f_m(e, j)$ の重み付き和で表現す

る対数線形モデル (log-linear model) による手法が広まったことがある.

$$
\begin{aligned}
\hat{e} &= \arg\max_{e} P(e|\boldsymbol{j}) \\
&= \arg\max_{e} \frac{1}{Z} \exp \sum_{m} \lambda_m \times f_m(\boldsymbol{e}, \boldsymbol{j}) \\
&= \arg\max_{e} \sum_{m} \lambda_m \times f_m(\boldsymbol{e}, \boldsymbol{j}) \tag{7.2}
\end{aligned}
$$

ここで, Z は $\sum_e P(e|\boldsymbol{j}) = 1$, すなわち, すべての翻訳確率の和を1にするための正規化項であるが, $\hat{e}$ を求める際には除去できる.

式 7.2 は, $f_1(\boldsymbol{e}, \boldsymbol{j}) = \log P(\boldsymbol{j}|\boldsymbol{e})$, $f_2(\boldsymbol{e}, \boldsymbol{j}) = \log P(\boldsymbol{e})$ とすれば式 7.1 と同様となるが, 対数線形モデルでは, 句の翻訳確率を含めて様々な手がかりで特徴量関数を設計することができる. さらに, 特徴量関数の重み λ_m の学習を, 7.4 節で説明する翻訳の自動評価尺度を用いて, 翻訳の評価の値が最大となるように学習することが可能である.

さらに, 日本語と英語のように語順や性質が大きく異なる言語間の翻訳を改善するために構文を利用する方式がいろいろと研究された. 一つの方法は, **構造に基づく統計翻訳** (syntax-based SMT) とよばれる方法である. まず単語アライメントを行った上で, 一方または両方の文の構文解析を行い, 単語の対応関係をその上にマップすることで構造を持った翻訳断片の対応を学習する. 別の方法として, 原言語の文が目的言語の文の構造に近づくように, 事前に単語の並べ替えを行う**事前並び替え** (pre-ordering) の方法などがあった.

これらの様々な統計翻訳の方式はオープンソースとして公開されており, 統計翻訳研究の進展を後押しした[1].

---

1) http://www.statmt.org/moses/

7.3 ニューラル機械翻訳

　前章で説明したとおり，2010年代から自然言語処理においてニューラルネットワークを用いる研究が行われ始めた．当初は，word embedding などの語のベクトル表現に関する研究や RNN 言語モデルの研究が行われ，これらの成果を踏まえて 2014年にニューラルネットワークを用いる機械翻訳の方式が提案された．

　初期に提案されたニューラル機械翻訳 (NMT) のモデルは，RNN を原言語側と目的言語側でつなぎあわせたようなネットワークであった (図 7.2(a))．つまり，「私は京都に行く」が翻訳したい文であるとすると，「私」「は」「京都」... を順に入力に与え，途中では何も出力しない．入力文を文末 (文末を示す特殊トークン EOS) まで読んだ後の中間層 h_1' が入力の情報を集約したものになっていると考え，そこから目的言語の単語を一語ずつ出力する．ここでは，出力単語を順に次の入力として与えるので，RNN 言語モデルと同じような振る舞いとなる．このようなモデルは，前半は入力の情報を集約することから **encoder**，後半はその集約した情報から読み出しを行うことから **decoder** とよばれ，全体として，**encoder decoder モデル**，または **sequence to sequence(seq2seq) モデル**とよばれる．

　この初期のモデルでは十分な精度の翻訳は実現できなかったが，Bahdanau らがいくつかの改良を行い，これによって翻訳精度が大きく改善した (図 7.2(b))．まず，RNN を文頭から文末への順方向 (h_f) だけではなく，文末から文頭への逆方向 (h_b) でも計算し[2]，さらに **attention 機**

---

2) 実際には，長期依存性 (遠くの単語の影響) をうまく扱うために，RNN の一種である LSTM (long short-term memory)，GRU(gated recurrent unit) などがよく用いられる．

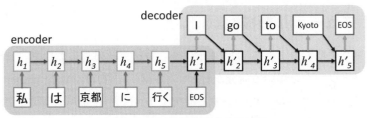

(a) RNNを連結した初期の翻訳モデル

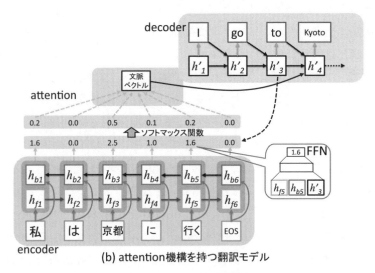

(b) attention機構を持つ翻訳モデル

図7.2　ニューラル機械翻訳

構 (注意機構) というものを導入した.

　attention 機構は，目的言語の各単語を出力する際に，decoder の直前の中間層の情報から，入力単語列のどの部分にどの程度注目すべきかを示す重みを計算する (FFN とソフトマックス関数を用いる)．この重みに従って encoder の各単語の中間層のベクトルを重み付きで合算する．これを文脈ベクトルとよぶ．この文脈ベクトルと，decoder の直前の中間

層，直前の出力から次の単語を出力する．この attention 機構をさらに精緻化したものが Transformer であり，次章で詳しく説明する．

　NMT の最初の提案は 2014 年であったが，そこからわずか数年で急速に進展し，統計翻訳の精度を完全に抜き去った．また，従来の標準的な統計翻訳システム Moses が数万行規模のプログラムであったのに対し，NMT のプログラムはわずか数千行程度であることも特筆に値する．

　ニューラルネットワークは大規模な訓練データがある場合に威力を発揮することが知られている (逆に訓練データが小規模では精度が上がらない)．機械翻訳は 100 万文規模の対訳データが利用できるという意味で，ニューラルネットワークに適した問題であったといえる．

　NMT は翻訳が極めて流暢であるが，それは，decoder の基本構成が強力な RNN 言語モデルであることによる．ただし，翻訳が難しい部分はあっさりと省略する，すなわち誤魔化して自然な文を出力する場合があることに注意する必要がある．また，出力が計算コストの高いソフトマックス関数で実現されていることから扱える語彙数が数万語に制限されている．そのためサブワードを翻訳単位とするなどの工夫が行われているが，それでも固有名や専門用語の翻訳に弱いという問題が残されている．

7.4　機械翻訳の評価と今後

7.4.1　翻訳の評価尺度

　科学技術全般において評価は非常に重要であり，客観的な評価尺度が設定できれば技術の進展を促す効果も大きい．このあと 9 章，10 章で説明するような自然言語処理の基本解析の場合には，正解が明確であり，正解との比較をすれば精度を評価できる．

　これに対して翻訳の場合には，ある文の正しい翻訳が多数存在するため，正解を与えて比較するということは困難であると考えられてきた．

そのため従来は，**忠実さ** (adequacy) や**流暢さ** (fluency) の観点で何段階かの評価基準を定め，人手による評価が行われた．この方法は大きなコストがかかり，翻訳システムが変更されるたびに (その変更が有効な変更であるかどうかを調べるために) 人手評価を行うことは困難であった．また，人間の評価者間で基準を統一することも困難であった．

この問題に対して，いくつかの自動評価尺度が提案され，これが統計翻訳以降の機械翻訳研究に大きく貢献している．その基本的な考え方は，正しい参照訳をいくつか用意しておき，それらと機械翻訳の出力の単語列としての近さを評価するというものである．その代表的なものは **BLEU** とよばれる尺度である．

BLEU では，まず，翻訳システムの翻訳文中の単語列が参照訳に含まれる割合を 1-gram，2-gram，3-gram，4-gram についてそれぞれ計算して相乗平均をとる．これだけでは翻訳文が短い場合に有利になるので，翻訳文が参照訳に比べて短い場合のペナルティ (brevity penalty) を乗じたものとする．

BLEU のような自動評価尺度はかなり荒っぽい尺度であり，翻訳システムの質を十分に評価できるものではないという批判もある．しかし，人間による主観評価とある程度相関があり，また，1,000 文規模のテスト文を用いれば参照訳がそれぞれ 1 文でもある程度機能する．1 文の参照訳でよいということは，翻訳システムの知識源である対訳コーパスの一部を訓練データから除いておいてテスト文とすればよいので，簡便に評価が行えるという利点も大きい．

7.4.2 評価型ワークショップ

自然言語処理の他のタスクと同様，機械翻訳においても，共通のデータを用いて手法や精度の比較・議論を行う評価型ワークショップが数多

く開かれ，研究の進展を牽引してきた．翻訳の場合には対訳コーパスが極めて貴重であり，それが整備される意義も大きい．

2006 年から毎年開催されている WMT(Workshop on SMT) はヨーロッパ言語間の翻訳を中心とした評価型ワークショップで，機械翻訳研究のベンチマークとなる対訳コーパスを提供してきた．2016 年からはニューラル機械翻訳の進展を踏まえ正式名称を Conference on Machine Translation に変更した (略称は WMT のまま)．

アジア言語間では NTCIR の中で翻訳ワークショップが開催されてきたが，2014 年からは WAT(Workshop on Asian Translation) に継承されている．機械翻訳の入出力を音声とする音声翻訳についても IWSLT(International Workshop on Spoken Language Translation) が定期的に開催されている．

7.4.3 機械翻訳の今後の展開

人類の夢であり，自然言語処理の起源でもあった機械翻訳は，対訳コーパスおよびニューラルネットワークを用いる方法によって急速に進展した．2022 年現在，無償のニューラル機械翻訳サービス DeepL の翻訳精度は十分に実用に供するレベルである．プロの翻訳家による下訳としての機械翻訳の利用，外国語教育における機械翻訳の利用など，社会的にも大きなインパクトが生まれ始めている．

すでに音声翻訳の研究も活発化している．今後は，発話の抑揚や声質，話者の表情，さらには話者の意図や感情などを考慮に入れた音声翻訳，さらには，文化差を考慮した翻訳などの研究に発展していくであろう．

(a) 機械翻訳   (b) 雑談対話

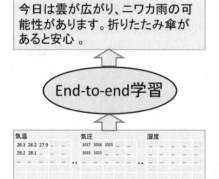

(c) 天気予報コメント生成   (d) ビデオクリップ説明文生成

図 7.3　様々な問題への end-to-end 学習の適用

7.5 End-to-end 学習

　ニューラル翻訳のように，入力と出力の大量のペアを訓練データとして与え，その変換処理の中身はいわばブラックボックス的に学習する枠組みを **end-to-end 学習** (end-to-end learning) とよぶ．この枠組みは汎用性が高く様々な問題に適用できる．

　たとえば，対話システムの応答を end-to-end 学習することもできる (図 7.3(b))．Twitter などのマイクロブログサービスから発話と応答のペアを大量に入手して学習を行えば，「今日は仕事でヘトヘトだ！」という発話に対して「早く寝た方がいいですね」と応答するような雑談対話システムを作ることができる．

　end-to-end 学習の枠組みは言語の範囲に留まるものではない．たとえば，数値データからの天気予報コメントを生成する研究がある (図 7.3(c))[3]．ここでは，予報の対象エリアを中心とする 5×5 地点の 24 時間先までの 3 時間ごとの 10 種類の数値予測データ (気温，気圧，風，湿度など) を入力とし，対象エリアの天気予報コメントを出力する．入力データは時刻ごとにニューラルネットワークで特徴抽出した上で，時系列情報として RNN に与え，そこから出力側の RNN によって天気予報コメントを一単語ずつ出力する．

　また，10 秒程度のビデオクリップ (動画像) を入力とし，その説明文を出力する研究もある (図 7.3(d))[4]．ここでは，ビデオから数十フレームの画像を切り出して特徴量を抽出した上で，時系列情報として RNN に与える．そこから NMT と同様に attention 機構を用いて入力の様々な時

---

3) 村上聡一朗他．数値気象予報からの天気予報コメントの自動生成．自然言語処理, Vol.28, No.4, pp.1210–1246, 2021.

4) N. Laokulrat, et al. Generating video description using sequence-to-sequence model with temporal attention. In Proc. of COLING 2016, pages 44–52, 2016.

刻に注目しながら説明文を一単語ずつ出力する．マイクロソフトが提供
する 2,000 件程度の訓練データを用いることにより高品質な説明文が生
成できることを報告している．

　このように end-to-end 学習はメディアを越えた処理をも高精度に実現
しつつある．天気予報コメント生成やビデオクリップ説明文生成は，従
来であれば何を特徴量とすればよいかも五里霧中で，実現が極めて困難
なタスクであった．ニューラルネットワークの大きな威力が感じられる
具体例であろう．

参考文献

長尾真 (著)『機械翻訳はどこまで可能か』 岩波書店，1986

ティエリー・ポイボー（著），高橋聡（翻訳），中澤敏明（解説）『機械翻訳: 歴史・技術・産業』 森北出版，2020

隅田英一郎（著）『AI 翻訳革命 —あなたの仕事に英語学習はもういらない—』 朝日新聞出版，2022

演習課題

1) DeepL など，ウェブ上の翻訳サービスを利用してみて，その性能や，どのような表現の翻訳が難しいかを分析してみよう．

8 Attention機構に基づくニューラルネットワークモデル

《**目標＆ポイント**》現在のニューラル自然言語処理では前章で紹介したattention機構がさらに発展し，様々に活用されている．本章では，機械翻訳のモデルにおいてattention機構を精緻化したTransformerの仕組み，それを単言語テキストの解析に適用したBERTのpre-trainingとfine-tuningの考え方，さらに，seq2seqのpre-trainingモデルについて説明する．

《**キーワード**》 Transformer, BERT, pre-training, fine-tuning, T5, BART

8.1 Transformer

　前章では，RNN言語モデルからニューラル翻訳の初期のモデルが生まれ，そこにattention機構(注意機構)が加わることによってニューラル翻訳の精度が大きく向上したことを述べた．これをさらに発展させたニューラル翻訳モデルが2017年に発表された **Transformer** である．Transformerは機械翻訳にとどまらず今日のニューラル自然言語処理の基本的なモデルとなっている．

　Transformerのポイントは，RNNではなくposition encodingという枠組みを導入したこと，attention機構がより精緻なモデルになったこと，入力の単語同士，出力の単語同士にself-attentionという計算を行うことである．それぞれについて詳しく説明する[1]．

---

1) 本章では説明をわかりやすくするために，なるべく変数を導入せず，ベクトルの次元等についても Transformer の論文に従って具体的な値で説明する．

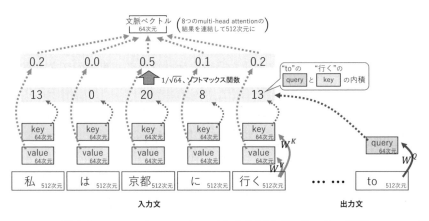

図 8.1　query, key, value ベクトルによる attention 機構

8.1.1 Position Encoding

前章の図 7.2(b) で示したニューラル翻訳モデル (以下では RNN-MT と
よぶ) では，入力を一単語ずつ逐次処理し，それによって中間層が順に変
化していくため，並列計算に適さず長い計算時間を必要としていた.

Transformer では，入力単語の順番を position encoding という枠組み
で表現することにより，RNN のような逐次処理を不要とした．この表現
方法には，単語位置 (1 番目，2 番目...) にそれぞれ固有のベクトル表現を
与える方法と，位置を表す one-hot ベクトルからベクトル表現を学習す
る方法がある．Transformer の論文では，sin 関数と cos 関数を用いて固
有の表現を与える前者の方法 (本書では詳細は説明しない) が用いられて
いるが，両者に精度の差はほとんどないと説明されている.

システムに入力される各単語の表現は，同じ次元数 (512 次元) の単語
embedding と position encoding を次元ごとに加えたものとする．単語の
意味のベクトルと位置のベクトルを単純に次元ごとに加えて大丈夫なの
か (副作用がないのか) と心配になるが，実際上それでうまく機能する.

110

8.1.2 Attention 機構のモデル

RNN-MT では，図 7.2(b) に示したとおり出力側の中間層のベクトル
と入力単語の中間層のベクトルから重みを計算し，各単語のベクトルの
重み付き和を文脈ベクトルとしていた．Transformer ではこのモデルが
精緻化される (次ページ図 8.1).

各単語のベクトル表現は 512 次元であるが，これと行列 W^Q, W^K,
W^V との積をとって 64 次元の query, key, value とよばれるベクトルを
作り出す．そして，直前の出力単語の query ベクトルと入力の各単語の
key ベクトルの内積をとり，これを入力の各単語の関連度とする．関連
度を次元数 64 の平方根である 8 で割って，ソフトマックスをとったもの
が重みとなる[2]．この重みで各単語の value ベクトルの和をとったもの
が，64 次元の文脈ベクトルとなる．

Transformer では，異なる 8 セットの行列 W^Q, W^K, W^V を用いて 8
つの文脈ベクトルを計算し，それらを連結して最終的に 512 次元の文脈
ベクトルを得る．8 セットの行列 W^Q, W^K, W^V は乱数で初期化し，学
習されるパラメータである．このように，query, key, value に分解し，
さらに 8 つの attention をとることで attention 機構の表現力が増す，す
なわち単語の意味の様々な側面が捉えられると考えられている．複数の
attention をとることは multi-head attention とよばれる．

8.1.3 Self-attention

RNN-MT では，次の出力単語を決めるために，出力側の中間層ベクト
ルと入力の各単語の中間層ベクトルの attention を計算した．これに対
して Transformer では，入力の単語同士，出力の単語同士でも attention

---

[2] 次元数が大きくなると内積の分散が大きくなり，ソフトマックスの値の偏りが大き
くなる．次元数の平方根で正規化するのはこの問題を緩和するためである．

を計算する．この計算は self-attention とよばれる．

　self-attention の計算方法は前節で説明した方法と基本的に同じである．各単語のベクトル表現を query，key，value に分解した上で，各単語に対して，その単語の query と，その単語自身を含む全単語の key との内積から重みを計算し，全単語の value を重み付きで足しあわせて文脈ベクトルとする．

　ただし，出力単語列の self-attention の計算では，各単語について後続の単語への attention は行わない．すなわち，後続単語の value の足しあわせは行わない．

8.1.4 Transformer の全体構成

　Transformer の全体構成を次ページ図 8.2 に示す．encoder 側，すなわち入力単語列に対しては，self-attention の計算と中間層（2048 次元）1つの FFN の計算を 1 レイヤーとして，これを 6 レイヤー繰り返す．

　decoder 側では，直前の出力単語に対して，self-attention の計算，入力単語列 (用いるベクトルは encoder の最上位レイヤーの出力) との間の attention の計算，そして中間層 1 つの FFN の計算を 1 レイヤーとし，これを 6 レイヤー繰り返す．最後に全結合層を経てソフトマックス関数で次の単語を決定して出力する．翻訳結果は順に 1 単語ずつ出力していくので，この計算を最初は文頭を示す特殊トークンに対して，その後は直前の出力単語に対して繰り返し，文末を示す特殊トークンが出力されたところで終了する．図 8.2 の decoder 側は，"I go to" まで出力して次の単語を出力するときの様子を示している．

　最後に，Transformer のパラメータ数を確認しておこう．パラメータはレイヤーごとに異なるが，入力位置に対しては共通である．すなわち，入力の self-attention，出力の self-attention，入出力間の attention 用に

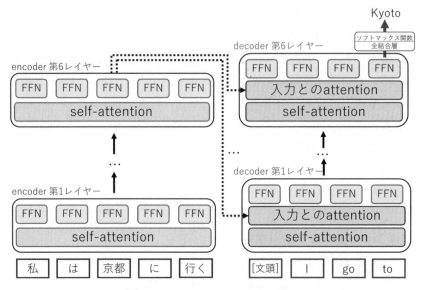

図 8.2 Transformer の全体構成

それぞれ行列 W^Q, W^K, W^V が 8 セット × 6 レイヤー分あり, さらに encoder, decoder の FFN のパラメータがそれぞれ 6 レイヤー分ある. 加えて, 単語の one-hot ベクトルから単語 embedding を求める行列がある。英独共通の 37,000 サブワードで英独翻訳を行う場合, 全体で学習すべきパラメータ数は約 6,300 万である [3].

---

3) [発展的補足] 出力の全結合層には, 単語の one-hot ベクトルから単語 embedding を求める行列の転置行列を用いる. また, 各文脈ベクトルの計算には, multi-head attention の結果を結合して 512 次元とした上で, さらに全結合層の計算 (512 × 512 行列の掛け算) を行う.

8.1.5 Attention 機構による入力文の解釈

　Transformer は英独翻訳，英仏翻訳の標準的データセットに対して当時の最高性能を達成した．それにも増してこの論文が注目されたのは，論文のタイトル "Attention is all you need" が示すとおり，RNN で逐次処理するのではなく，position encoding で単語位置を表現した上で attention 機構を精緻化することにより入力文中の単語間の関係を (かなり離れている場合を含めて) 捉えること成功した点にある．

　Transformer の論文中には，入力文の self-attention の結果が，文の構造 (10 章) や照応関係 (12 章) などの解釈となっている面白い例が示されている．

8.2 BERT

　Transformer の入力単語列に対する self-attention の結果は入力を解釈しているようであった．そこで，この枠組みを翻訳ではなく単言語の言語解析タスクに用いたものが 2018 年に発表された BERT である．BERT は，ニューラルネットワークの構成としては Transformer の encoder 部分そのものである．

8.2.1 BERT の pre-training

　機械翻訳では数百万からそれ以上の対訳文があり，これを用いて Transformer の大規模なパラメータを学習することができた．単言語のテキストだけを用いる場合に，Transformer のパラメータをどのように学習するかということが問題となる．

　一つの方法として，従来の言語モデルの学習と同じく，文脈から次の単語を順に予測するというタスクが考えられる．これは Transformer の decoder 側で，翻訳の単語が一つずつ出力され，そのたびに self-attention

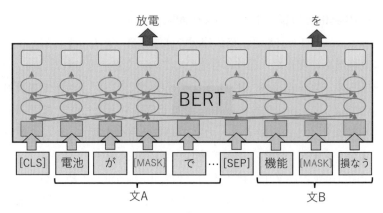

図 8.3　BRET の pre-training

を計算する動作に近い (encoder 側との attention は考えない). この方法
も 2018 年に GPT という名称で提案され，その後もパラメータ数と学習
テキストを増大させて発展している.

　しかし，文脈の中で単語の意味を解釈する際，後ろの単語が役立つことも
少なくない. そこで，テキスト中の単語を隠して (マスクするという)，前
後の文脈からその単語を予測するタスクによって Transformer の encoder
側を学習する方法が考案された [4]. これが BERT の学習方法であり，こ
の後に行われる fine-tuning の前処理であることから **pre-training**(事前
学習) とよばれる [5].

　図 8.3 に BERT の pre-training の様子を示す. BERT のニューラル

---

4)　BERT は Bidirectional Encoder Representations from Transformers から頭文字
をとったものであり，Bidirectional(双方向) は言語モデルの学習の一方向性との対比を
意識したものである.

5)　言語モデルのように次の単語を予測することや，BERT のようにマスクした単語を
予測する学習は，生コーパスがあればよく，人手のアノテーションを必要としない. こ
のように自然に存在するデータから学習する枠組みを**自己教師有り学習** (self-supervised
learning) とよぶ.

表 8.1　BERT によるマスクされた単語の予測結果

入力文	予測結果上位 5 単語 (太字が正解)	入力文	予測結果上位 5 単語 (太字が正解)
京都	京都 同 大阪 福岡 東京	日	日 日間 月 年間 年
市	市 府 ・ 都 大学	、	に から 、 より まで
左京	左京 東山 中京 右京 伏見	試験	大学 キャンパス 学生 これ 授業
区	区 部 地区 ##区 地域	に	に ##に 結果 詳細 的に
の	の と および 、 ・	ついて	ついて 向けて おいて 際して 合わせて
京都	京都 立命館 同志社 近畿 龍谷	案内	説明 告知 案内 解説 掲示
大学	大学 駅 支所 キャンパス 支社	する	する 用 表示 の 説明
で	で に へ にて と	看板	板 看板 装備 掲示板 ため
は	は 、 翌 同 毎月	の	の を と や が
17	この その ある 1 24	…	…

ネットワークの構成は Transformer の encoder と同じく，self-attention と FFN を 1 レイヤーとしてこれをいくつか積み重ねたものである．一方，Transformer との違いとして，入力の先頭に [CLS]，文などの区切りに [SEP] という特殊トークンを入れる．各単語に対応する入力は，単語の one-hot ベクトル，単語位置の one-hot ベクトル，さらに区切られた文などの ID の one-hot ベクトルからそれぞれ embedding を計算して次元ごとの和をとったものとする．

　単語のマスクは全体の 15%の単語に対して行われ，マスクした単語の最上位の層からの出力がマスクされた単語となるように学習が行われる [6]．BERT の論文では pre-training 用のコーパスとして BookCorpus(8 億語) と英語 Wikipedia(25 億語) が用いられた．

　表 8.1 に日本語 Wikipedia 約 2 千万文でこの pre-training を行った上で，ある入力文中の各単語をマスクして予測させた結果 (それぞれ上位 5 単語) を示す．多くの箇所で予測された単語は正しい単語であり，誤っ

---

6)　BERT の提案時には，pre-training として，入力の文 A と文 B が連続する 2 文であるかランダムに選ばれたものであるかを判断する next sentence prediction というタスクも考えられたが，その後の研究であまり効果がないことが明らかとなった．

ている場合にも意味的に妥当なものが多い．また，固有名である「京都」
「左京」「京都大学」などの予測が正しいことに加えて，2番目，3番目に
予測されているのも近隣の地名や大学名となっている．知識を明示的に
与えたわけではなく，テキストの穴埋め問題をひたすら解くだけでこの
ような関係が学習されていることは驚くべきことである．

　大規模コーパスでこのような pre-training を行うことにより，任意の入
力文に対して，BERT の最上位レイヤーにおいて文脈を解釈した単語ベ
クトルを得ることができる．実際，たとえば「米が日本の主食」の「米」
は「小麦」と高い類似度を持つベクトルとなっており，「米の態度がサ
ミットの結果に大きく影響する」の「米」は「米国」と高い類似度を持
つベクトルとなっている．ある意味で多義性解消が実現されている．

8.2.2 BERT の fine-tuning

　大規模コーパスでの pre-training の結果をもとにして，言語処理の様々
なタスクについて，それぞれの訓練データで追加の学習を行うことによ
り高精度な解析が可能となる．

　BERT の構成をそのまま適用できるタスクとして，図 8.4 に示す 4 つ
の典型的なタスクがある．図 8.4(a) は 2 文の関係の分類タスク，(b) は 1
文の分類タスクで，いずれも [CLS] トークンの最上位層のベクトルを用
いて判断する．含意関係認識 (ある文が別の文を意味的に含意するか矛
盾するかの判断) や感情分析 (ある文が positive な文か negative な文か)
をこの枠組みで解くことができる (11 章参照)．

　図 8.4(c) と (d) は単語ベクトルを用いて単語を分類する形でタスクを
解く．図 8.4(c) はある範囲の単語列を抽出するもので，たとえば，1 文
目に質問文，2 文目にその質問の解答を含む説明文 (実際には複数の文)
を入れて，2 文目の中から解答範囲を抽出する形で質問応答とよばれる

(a) 文ペア分類問題 （例: 含意関係認識）

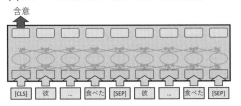

(b) 1文分類問題 （例: 感情分析）

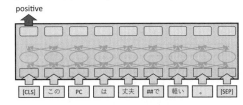

(c) スパン抽出 （例: 質問応答）

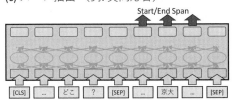

(d) 系列ラベリング （例: 固有表現認識）

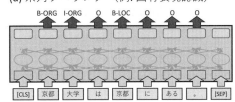

図 8.4　BRET の fine-tuning

　タスクを解くことができる (14 章参照). (d) は系列ラベリングとよばれるタスクで，たとえば固有表現認識を BIO タギングとして解くことができる (3 章，9 章参照).

　いずれも，BERT の pre-training の結果をパラメータの初期値とし，各タスクの学習データで BERT のパラメータの追加学習 (パラメータの調整) を行う．この追加学習を **fine-tuning** とよぶ.

　BERT 以前は，言語処理のタスクごとに様々なニューラルネットワークモデルが提案され，それらが徐々に複雑化していくという状況であった．BERT の出現は，様々なタスクに精度向上をもたらしただけでなく，一つの汎用モデルが pre-training + fine-tuning という枠組みで様々なタスクに適用できることを示した点に大きな意味がある.

　ところで，大規模テキストで pre-training を行う BERT 等のモデルに

今のところ定まった名称がない．本書では暫定的に汎用言語モデルとよぶことにする．

8.2.3 BERT のその後の進展

BERT の論文では，レイヤー数，単語のベクトル次元数，self-attention の head 数について，それぞれ 12，768，12 の BASE モデル (パラメータ総数 1.1 億) と，24，1024，16 の LARGE モデル (パラメータ総数 3.4 億) の実験結果が示され，様々なタスクで一貫して LARGE モデルが有意に優れていることが示された．

その後も続々と，パラメータ数を増やし，pre-training を行うコーパス量を増やすことがタスクの解析精度向上に寄与することが報告されている．

さらに，BERT の枠組みでテキストと画像・映像を結び付けてマルチモーダルの学習を行う研究も急速に進展しており，前章で紹介した動画像へのキャプション付与などのタスクで大きな精度改善が見られている．

8.3 Seq2seq モデルの pre-training

BERT は入力文に対するある種の判断を行うことができるが，文の生成を行うことはできない．しかし，要約，対話応答 (15 章) などでは文を生成する必要がある．また，与えられた入力文に対して適切な文を出力することができれば様々な問題に汎用的に答えることができる．たとえば「『このレストランは値段が手頃だ』はポジティブな文ですか？」に「はい」と (簡単な) 文を出力すれば感情分析を行ったことになる．

このような背景から，単言語テキストを用いた seq2seq モデルの pre-training を提案したものが 2019 年に発表された **T5** (Text-to-Text Transfer Transformer) と **BART** (Bidirectional Auto-Regressive Transformer)

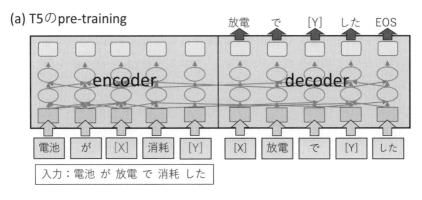

(a) T5のpre-training

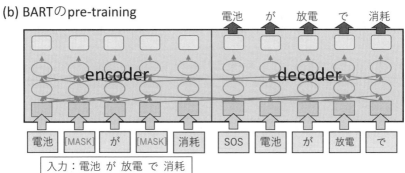

(b) BARTのpre-training

図 8.5　T5 と BART の pre-training

である．その名のとおり，いずれもニューラルネットワークの構成は Transformer である．

　T5 では，図 8.5(a) のようにある範囲の単語列を区別できる記号 ([X], [Y] など) に置き換えたものを encoder に入力として与え，decoder では [X]，[Y] などからそれぞれもとの単語列を復元するように学習する．

　BART では 0〜数単語の範囲をマスクした文を encoder に入力し，decoder でもとの文を復元させる．図 8.5(b) の例では最初のマスクは 0 単

語，すなわち挿入されたマスクなので「電池」の次には「が」を，次のマスクは「放電」「で」に相当するのでそれらを復元するように学習する．

T5，BART のいずれにおいても，このような pre-training を数百 GB の大規模コーパスを用いて行った上で，各タスクの学習コーパスで fine-tuning を行うことにより，要約や対話などの文生成タスクにおいて従来手法を上回る精度を達成した．また，BERT 等で扱われる分類タスクにおいても上で述べたように文を生成して解答するという形で同等の精度を達成した．

このような seq2seq モデルの学習は，GPT 等の言語モデルの形での学習とともに，その汎用性から今後の進展が注目されている．

参考文献

ストックマーク株式会社 (編), 近江崇宏, 金田健太郎, 森長誠, 江間見亜利 (著)『BERT による自然言語処理入門』オーム社, 2021

演習課題

1) Transformer のパラメータ数が約 6,300 万, BERT の BASE モデルのパラメータ数が約 1.1 億であることを, ネットワークの構成を復習しながら確認してみよう.

2) 本章の Transformer の説明では, 残差接続 (residual connection) などいくつかの要素の説明を省略している. 興味のある人はぜひ原論文に挑戦してほしい.

9 | 系列の解析

《**目標&ポイント**》 英語文の品詞タグ付け，固有表現認識，日本語文の形態素解析など，語の並び (系列) に対する解析の手法を説明する．隠れマルコフモデル (HMM)，特徴量に基づく機械学習，RNN 言語モデル，汎用言語モデルの利用などについて説明する．

《**キーワード**》 品詞タグ付け，隠れマルコフモデル (HMM)，ラティス構造，ビタビアルゴリズム，系列ラベリング，固有表現認識，形態素解析，未知語処理．

　言語における意味の基本単位は語 (word) であり，その並びが文となる．文がどのような語から構成されるかを明らかにする処理，すなわち語の系列の解析が自然言語処理の最も基礎的な解析である．

9.1 HMM による英語文の品詞タグ付け

9.1.1 英語の品詞曖昧性

　英語では，複数の品詞を持つ語が多い．たとえば breakfast という語は「朝食」という名詞だけでなく「朝食を食べる」という動詞として使うこともできる．文が与えられたときに，文中の単語の品詞を求める**品詞タグ付け** (part-of-speech tagging; POS tagging) が重要な処理となる．たとえば，英語の品詞曖昧性の有名な例として，"Time flies like an arrow"

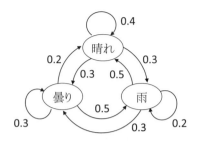

図 9.1　天気の 1 階マルコフモデルの遷移図

という文がある．この文には次のような複数の (面白い) 解釈がありえる．

(1)　Time　　flies　　like　　　an　　　arrow
　　　名詞　　動詞　　前置詞　　冠詞　　名詞
　　　(意味: 光陰矢のごとし)

(2)　Time　　flies　　like　　　an　　　arrow
　　　名詞　　名詞　　動詞　　冠詞　　名詞
　　　(意味: 時蝿は矢を好む)

　(2) は，flies を「蝿」の意味の名詞 fly の複数形，Time flies を名詞句「時蝿」，like を動詞「好む」と解釈したものである．複数形の名詞句と動詞 like が数の一致の上でも問題ないことがこの例のポイントである．

　このような品詞の曖昧性を解消する上で考えられるのは，たとえば，形容詞の後には名詞がきやすいとか，各単語に優先される品詞がある (breakfast は名詞と動詞の可能性があるが，普通は名詞である) などの手がかりである．しかし，これらの適用順や優先度を人手で調整することは困難である．そこで，3 章で説明した注釈付与コーパスを利用することになる．

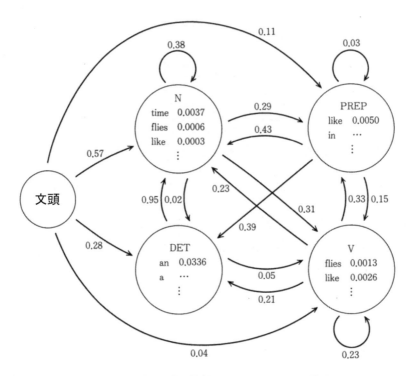

図9.2　品詞を隠れ状態とする HMM の遷移図

9.1.2 HMM による品詞タグ付け

　ここではまず，注釈付与コーパスを用いる言語処理の先駆的な方法で
あった HMM による品詞タグ付けについて説明する．

　4 章で，記号の出現確率への影響を一定範囲の履歴に限定するマルコ
フモデルを紹介した．1 階マルコフモデルは，天気や単語など，観測さ
れる記号を状態と考えると，状態間をある確率で遷移し，遷移した各状
態で対応する記号を出力するモデルであると捉えることができる．たと
えば，4 章で示した天気の 1 階マルコフモデルは図 9.1 のような遷移図で

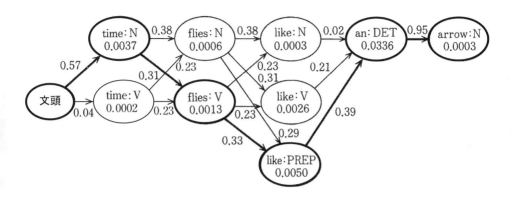

図 9.3　HMM に基づくビタビアルゴリズムによる品詞タグ付け

表現できる [1].

　これに対して，**HMM**(hidden Markov model; 隠れマルコフモデル) とは，観測されない隠れた状態があり，その隠れた状態間である確率の遷移がおこり，遷移した各状態からある確率で記号が出力されると考えるモデルである．

　英語文の品詞タグ付けの問題は HMM でモデル化することができる．すなわち，隠れ状態が品詞に相当し，各状態 (品詞) から具体的な単語が出力されると考える．このような HMM の遷移図を図 9.2 に示す．

　ここでは，説明の簡単化のために品詞を N(名詞)，V(動詞)，DET(冠詞)，PREP(前置詞) の 4 種類とする．品詞の遷移確率と品詞からの単語出力確率は，品詞付与コーパスがあれば最尤推定によってたとえば次の

---

1)　2 階マルコフモデルの場合も，記号の bigram を一つの状態と考えれば同様に状態の遷移と捉えることができる．さらに高階の場合も同様である．

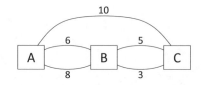

図 9.4　ビタビアルゴリズムの簡単な例

ように計算できる.

$$P(\text{V}|\text{N}) = \frac{C(\text{N}, \text{V})}{C(\text{N})} = 0.31 \tag{9.1}$$

$$P(\text{time}|\text{N}) = \frac{C(\text{time} : \text{N})}{C(\text{N})} = 0.0037 \tag{9.2}$$

ここで, $C(\text{N})$, $C(\text{N}, \text{V})$ はそれぞれ品詞付与コーパス中の品詞 N の頻度と品詞 bigram N,V の頻度であり, $C(\text{time} : \text{N})$ は N とタグ付けされた単語 time の頻度である [2].

　このように考えると, 入力文に対する品詞タグ付けの問題は, その文を出力する最も確率の高い品詞列 (状態遷移) を求める問題となる. これは, 図 9.3 のように解釈の可能性を表現したラティス構造 (lattice, 束)の中から確率の積が最大のパスを求める問題となる. 実際には, 確率のlog の和が最大のパスを求める問題として扱い, そのようなパスを最適なパスとよぶことにする.

9.1.3　ビタビアルゴリズム

　ラティス構造の中から最適なパスを求める方法を考える. 図 9.3 は説明のための簡単な文であるが, 一般的な数十単語の文の場合には, ラ

---

2)　HMM は音声認識や動作認識などでも広く利用されてきた手法であるが, 一般には, パラメータ (ここでは品詞遷移確率や品詞/単語出力確率の値) は観測データから自動推定する. ここでの品詞タグ付けのように隠れ状態を注釈として与えてパラメータを直接計算するのは少し特殊な方法である.

ティス構造からすべてのパスを列挙してそれぞれを評価することは組み合わせ爆発のために不可能である．しかし，ダイナミックプログラミング (dynamic programming; DP) の考え方に基づくビタビアルゴリズム (Viterbi algorithm) を利用することで，効率的に最適なパスを選ぶことが可能となる．

ビタビアルゴリズムの考え方を図 9.4 で説明しよう．この図では，ノードは地点を表し，リンクは地点間のルートと距離を表している．この時，A 地点から C 地点への最短ルートを求める問題を考える．B を経由する場合，A から B へは 2 通りのルートがあるが短いのは距離 6 のルートである．また，B から C へも 2 通りのルートがあるが短いのは距離 3 のルートである．すなわち，A から B 経由で C へ行く場合の最短距離は 6+3=9 であって，他のルート (8+3, 6+5, 8+5) を考慮する必要はない．これと A から C への直接ルートの 10 を比較すれば最短距離が 9 であることがわかる．ポイントは，各地点でそこまでの最短距離を覚えておくだけでよいことであり，それによって組み合わせ爆発が防げるのである．

HMM による品詞タグ付けで最適なパスを求める問題に，このビタビアルゴリズムを (上記の説明の最小を最大に置き換えれば) そのまま適用することができる．図 9.3 の Time flies like an arrow の例では，ビタビアルゴリズムによって「光陰矢のごとし」に相当する太線で示す品詞列が正しく選択される．

ビタビアルゴリズムは英語文の品詞タグ付けに限らず，固有表現認識や日本語形態素解析など，系列の解析において広く利用されてきた手法である．

9.2 機械学習による系列ラベリング

　品詞タグ付けのように，データの系列に対してラベル付けを行う処理を，一般に系列ラベリング (sequence labeling) とよぶ．自然言語処理の問題の中には系列ラベリングとして捉えられる問題が多数あり，注釈付与コーパスを用いた機械学習の手法がいろいろと提案されている．

9.2.1 様々な手がかりの利用

　HMM による品詞タグ付けは，注釈付与コーパスに与えられた情報を活用するという意味ではまだ改良の余地が残されている．HMM ではある語の品詞を決定する上で関係するのは直前の単語の品詞とその単語自身だけである．しかし，他にも手がかりとなる様々な情報が考えられる．たとえば，その単語が大文字ではじまるかどうか，-ing, -ed, -ly, -ion など単語末尾が特徴的な文字列であるかどうか，また，直前の単語や直後の単語も有効な手がかりであろう．

　このような様々な手がかりを特徴量の並び (特徴量ベクトル) として表現し，注釈付与コーパスを機械学習の教師データとして品詞の分類器を学習することが考えられる．機械学習の手法としては，4.4節で紹介したナイーブベイズや，**SVM**(support vector machine)，**CRF**(conditional random field; 条件付き確率場) など様々な手法がある．

　このような品詞タグ付け手法は HMM による手法よりも性能が高く，特に未知語の品詞推定に頑健である．

9.2.2 BIO モデル

　3章で紹介した，文中の地名，人名などの固有表現を認識する固有表現認識 (named entity recognition) も系列ラベリングとして扱うことがで

表 9.1 BIO モデルによる固有表現認識

単語列	固有表現	BIO ラベル列
2001		B-TIME
年	日付表現	I-TIME
夏		I-TIME
中田	人名	B-PER
英寿		I-PER
は		O
ローマ	組織名	B-ORG
から		O
移籍		O

きる.

　たとえば,表 9.1 に示した例文の認識結果をみれば,日付表現がどこまで続いているか,「ローマ」のように地名と組織名 (もしかしたら人名)の曖昧性をどう扱うかなど,問題がそう簡単でないことがわかるだろう.

　固有表現認識を系列ラベリングとして考える場合には,各単語に,地名の始点 (B-LOC),地名の続き (I-LOC),人名の始点 (B-PER),人名の続き (I-PER), ... いずれでもない (O),などのラベルを付与する問題と考える.このようなモデルは **BIO** モデルとよばれる.表 9.1 の一番右の欄にこの例文を BIO モデルで固有表現認識する場合のラベル列を示している.

　教師データとして固有表現に関する注釈付与コーパスを作成しておけば,前節で説明した機械学習手法によってこのようなラベリングを行い,その組み合わせで固有表現を認識することができる.なお,ラベルの系列を選択する際に,スコアだけでなく,整合性を調べる必要がある.BIOモデルでは固有表現が I からはじまることは認められないので,たとえば「O I-LOC」や「B-PER I-LOC」というラベル列は正しくない.そのためには,スコア計算をビタビアルゴリズムで行い,整合しない解釈を

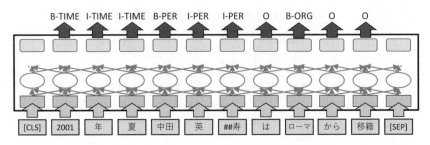

図 9.5　BERT の fine-tuning による固有表現認識

排除し，整合するものの中でスコア最大の解釈を採用すればよい．

9.2.3 汎用言語モデルに基づく系列ラベリング

　これまでに説明した機械学習による系列ラベリングは，品詞タグ付けや固有表現認識についてかなり高精度な解析を行うことができる．しかし，そこでは問題ごとに人が手がかり (特徴量) を設計する必要があり，これは特徴量エンジニアリング (feature engineering) ともよばれ，経験と試行錯誤を要するものであった．

　この問題を解決したのが，8 章で説明した BERT を始めとする汎用言語モデルである．汎用言語モデルは，汎用的に文の意味解釈を行うことができ，文脈に応じてたとえば「米」という単語がコメの意味なのか米国の意味なのかをベクトル表現として区別する．

　このような汎用言語モデルを品詞や固有表現の注釈付与コーパスを用いて fine-tuning することにより，特徴量エンジニアリングを行うことなく，非常に高い精度で系列ラベリングを実現することができる．BERT により表 9.1 の例文の固有表現認識を行う様子を図 9.5 に示す．

9.3 日本語文の形態素解析

語の区切り，品詞，活用形などを求める処理を形態素解析 (morphological analysis) とよぶ．語と形態素の関係については 5.1 節で述べた．日本語の形態素解析では，接頭辞，接尾辞も便宜的に語の一種であるとし，語を解析の単位として扱うことが一般的であるので，ここでもそのように説明を進める (すなわち形態素という言葉は用いない)．

9.3.1 形態素解析の難しさ

日本語文は語が空白で区切られていないため，日本語文の形態素解析では語の区切りを同定する必要があり，これが難しい．さらに，各語の品詞を求め，活用語の場合にはその活用と基本形 (原形) を求める必要があるが，これは比較的やさしい問題である [3]．

日本語では漢字，ひらがな，カタカナを使い分けるので，たとえば「私は本を買った」のような文の解析は難しくないが，次のような文には曖昧性がある．

(3) a. 外国 ｜ 人 ｜ 参政 ｜ 権

  b. 外国 ｜ 人参 ｜ 政権

(4) a. くるま ｜ で ｜ 待つ

  b. くる ｜ まで ｜ 待つ

例文 (3) は常識的にはもちろん (3a) の解釈が正しいが，一般的に日本語の単語分割では少数の単語からなる分割が確からしいので，自動解析においても (3b) の誤った解釈が優先されることがある．例文 (4) の二つ

---

[3]　中国語は，日本語と同様に語が空白で区切られておらず，独立語であるため動詞などの活用はない．基本的に文字種が漢字一種類であるため，語の区切りと品詞を求める処理がともに難しい言語である．

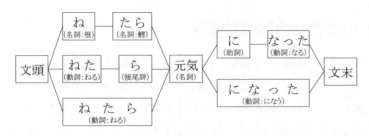

図 9.6　形態素解析候補のラティス構造

の解釈はどちらもある文脈では正しい．なお，「くるま (車)」または「く
る (来る)」が漢字表記されていれば曖昧性はないが，漢字表記のある語
がひらがな書きされることは少なくない．

9.3.2 単語辞書に基づく解析

　日本語文の形態素解析の標準的な方法では，単語の表記，品詞，活用
などの情報を記述した単語辞書を用いる．

　図 9.6 に「ねたら元気になった」という日本語文の形態素解析の様子を
示す．単語辞書を参照して，入力文の各位置から始まる部分文字列で辞
書にマッチするもの (語候補) をすべて取り出し，その各候補に対応する
ノードを作る．たとえば図 9.6 の例の文頭からは「ね」「ねた」「ねたら」
という 3 つの語ノードが作られる．この処理は，文頭から順に，2.3 節で
説明したトライ法のように，ある位置からのすべての語候補が効率よく
取り出せる方法で行う．また，文頭と文末に仮想的なノードをつくる．

　このようにして，一文の形態素解析の可能性は，単語 (ノード) の開始
位置のずれがあるものの，図 9.3 の品詞タグ付けと同様にラティス構造
で表現される．あとは，9.2.1 節で述べたように特徴量を設計し，注釈付
与コーパスを用いて機械学習によって形態素解析システムを学習すれば
よい．

日本語文の形態素解析システムとして広く用いられている MeCab は，このような方法で CRF で学習されたシステムである [4]．

9.3.3 言語モデルの利用

特徴量に基づく機械学習を用いた形態素解析では，特徴量として表現される数単語の並びと表層的な手がかりを考慮するだけであり，解析結果の意味的な妥当性を考慮しているとはいえない．そのため，先に述べた「外国｜人参｜政権」のようなおかしな解析を行ってしまうことがある．

形態素解析の単語区切りにおいて意味的な妥当性を考慮する方法として，6.5 節で紹介した RNN 言語モデルを併用することが考えられる．RNN言語モデルでは，ベクトル表現によって意味の汎化が行われているため，注釈付与コーパスにおける低頻度，または未知の表現であっても，語の並びの意味的妥当性を評価することが可能となる．

JUMAN++は，このような考え方で，特徴量に基づく機械学習によるスコアと RNN 言語モデルから計算されるスコアを総合して形態素解析を行うシステムであり，「外国人参政権」に対しても正しい解析結果を得ることができる [5]．標準的な評価データである京都大学テキストコーパスにおいて，単語単位で単語区切りと品詞推定がともに正しい場合に正解とする評価基準で F 値 99.0 を超える解析を実現している [6]．

9.3.4 未知語処理

これまでに説明した単語辞書に基づく日本語形態素解析では，入力文に対して単語辞書に含まれる単語の並びの中で一番適切なものを選択す

4）https://taku910.github.io/mecab/
5）https://github.com/ku-nlp/jumanpp
6）F 値とは，システムが求めたもの (ここでは品詞付きの単語) のうち正しいものの割合と，本来求めるべきものを見つけられた割合の調和平均である．13 章で詳しく説明する．

る．単語辞書には，数万から数十万の単語が登録されるが，実テキスト
には，膨大な固有名詞，様々な専門分野の用語，ネット上でのくずれた表
現，常に生み出される新語など，固定的な単語辞書ではカバーできない
表現が少なからず存在する．このように，解析するテキストに現れる語
で，システムの単語辞書に登録されていない語を**未知語** (unknown word)
とよぶ．

　実テキストの形態素解析において未知語の扱いは重要な問題である．
入力文に未知語が含まれると，ラティス構造が作られず，文全体に対して
何も解が求まらないことになる．このような問題を回避するために，基
本的な未知語処理として，入力文のすべての部分に擬似的な語 (ノード)
を作成する．一般的には，字種の情報を用いて漢字連続，カタカナ連続
などを一語とする．こうすることによって，辞書中の語による解釈がで
きない部分では擬似的な語が採用され，文全体の何らかの解析結果が求
まることになる．

　未知語の一部は，単語辞書に含まれる一般的な単語に帰着できたり，規
則的に解釈することができる．ネット上のくずれた表現にみられる「す
ごーい」などの長音挿入や「すごぃ」などの小文字化は，形態素解析時に
(もとの文字列に対する辞書引きに加えて) それらをもとに戻した辞書引
きを行うことで対応できる．また，「ばくばく」「チャリンチャリン」な
どの反復形のオノマトペは，すべての可能性を辞書登録することは現実
的でないが，形態素解析時に動的に認識することができる．JUMAN++
ではこのような動的な処理が実装されている．

　ある特定分野のテキストを形態素解析する場合，その分野の専門用語の
辞書が用意されていることが少なくない．多くの形態素解析システムに
は，そのような専門用語辞書をシステムに登録する機能が備わっている．

9.3.5 文字単位の汎用言語モデルの利用

　英語文の品詞タグ付けでは入力の系列 (語の並び) が決まっているため，系列ラベリングの手法が適用でき，語を単位とする汎用言語モデルを利用することができた．一方，日本語文の形態素解析は，語の区切りを求めることが問題であるため，そうはいかない．

　そこで考えられることとして，文字を単位として汎用言語モデルを学習しておき，これを用いて入力文の各文字に対して語の先頭であるかどうかを判断する系列ラベリングを適用する方法がある．すなわち，BIOモデルでいうところの B-単語と I-単語の判断を行う．この時，品詞や活用についても，語の先頭となる文字のベクトルから判断する．

　このように，文字単位の汎用言語モデルを注釈付与コーパスで fine-tuning する形態素解析の手法は，現在のところ前節で述べた方法に比べるとわずかに精度が劣る．しかし，汎用言語モデルの今後の進展を直接的に享受できる方法であるという意味で注目に値する．

136

参考文献

益岡隆志, 田窪行則『基礎日本語文法』くろしお出版, 1992
高村大也 (著), 奥村 学 (監修)『言語処理のための機械学習入門 (自然言語処理シリーズ)』コロナ社, 2010

演習課題

1) 図 9.3 の品詞タグ付け結果の最適パスの計算を確認してみよう.
2) RNN 言語モデルを利用することによって, なぜ「外国人参政権」について意味的に妥当な形態素解析ができるようになるかを考えてみよう.
3) JUMAN++, MeCab などの公開されている日本語形態素解析ツールをインストールし, ニュース記事やブログなどの様々な文章を実際に解析してみよう. JUMAN++ はウェブ上の CGI でも試すことができる.

10 │ 構文の解析

《**目標＆ポイント**》 文は一次元の語の並びであるが，その中には構文，すなわち語の結びつきの構造がある．その表現形式である依存構造表現と句構造表現，さらに，構文を扱う基礎的な方法として文脈自由文法と CKY 法を解説する．また，構文の曖昧性解消の手がかりを整理した後，汎用言語モデルに基づく主辞選択による構文解析を説明する．

《**キーワード**》 依存構造表現，句構造表現，文脈自由文法，CKY 法，構文的曖昧性，主辞選択

10.1 木による構文の表現

　文は一次元の語の並びであるが，そこには構造があり，並びとして離れた位置にある語が強い関係を持つこともある．文の構造は**構文** (syntax) とよばれ，構文は一般に**木構造** (tree structure) によって表現することができる[1]．

10.1.1 依存構造表現

　構文の表現には様々な方法がある．図 10.1(a) は日本の学校文法で習う文節の係り受けの構造である．文節は，1 語以上の自立語と 0 語以上の付属語からなるもので，日本語文の構造の基本単位として広く用いられている．3 章で紹介した京大テキストコーパスは，日本語文の構文と

---

1) syntax という用語は，文の構造を扱う言語学の一分野 (この場合の日本語訳は統語論) や，文の構造を決める文法規則や仕組みをさすこともある．

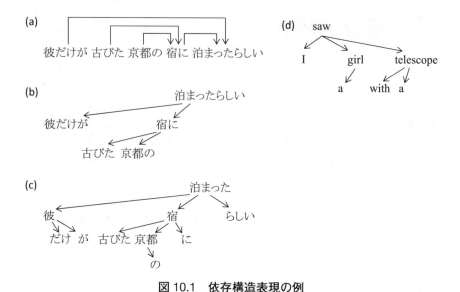

図 10.1　依存構造表現の例

して文節の係り受け構造の情報を付与したものであった.

　日本語の係り受け構造においては，文末の文節を除いて，各文節は後ろの (右側の) いずれかの文節に係る．すなわち，日本語の文節係り受けは前から後ろ（左から右）への一方向である．また，係り受けの関係は原則として交差せず，これを非交差条件とよぶ．たとえば，図 10.1(a) において「彼だけが」が「京都の」に係ることは，「古びた→宿に」の係り受けと交差するために許されない[2].

　係り受け構造は，図 10.1(b) のように木構造によって表現できる．木はノードと辺からなり，ノードは根 (一番上のノード) を除いて一つの親ノードを持ち，0 個以上の子ノードを持つ．係り受け構造を木構造で表現する場合，係り元を子ノード，係り先を親ノードとし，根は係り先を

---

2)　非交差条件が破られる例外的な文としては「この本が私は面白いと思う」などがある (「本が→面白い」と「私は→思う」が交差する).

持たない文末の文節に対応する.

係り受け構造は日本語だけでなく他の言語についても考えることがで
き，より一般的には**依存構造** (dependency structure) とよばれ，図 10.1(b)
のような木は**依存構造木** (dependency tree) とよばれる．その場合，係り
先を**主辞** (head)，係り元を**修飾語・句** (modifier) とよぶ[3].

図 10.1(c) は単語単位の依存構造木を示したものである．日本語の場
合，文節内の単語の依存構造をどう表現するか，すなわち，「だけが」や
「らしい」などの付属語と自立語の依存関係の扱いにはいくつかの方法が
ある．ここでは，一般的に用いられる **semantic head** とよばれる形式，
すなわち，付属語をすべて自立語の子として扱う依存構造木を示した．
図 10.1(d) には英語の semantic head 形式の依存構造木の例を示す[4].

10.1.2 句構造表現

依存構造表現は，語や文節がノードとなり，その間の依存関係がリンク
で示されるという表現であった．これに対して，複数の語がまとまって句
を作り，さらに複数の句がまとまってより大きな句を作るという表現方法
があり，これを**句構造** (phrase structure)，または**構成素構造** (constituent
structure) とよぶ.

図 10.2 は図 10.1 の日本語文，英文を句構造で表現したものである．句
構造では，語は木の葉（子を持たないノード）だけにあり，根に向かう
間に品詞や句の種類を示す中間ノードが存在する．図 10.2(a) では，たと

---

3) 依存構造木の表示において，辺の矢印の方向を係り元から係り先への向き (係り受
け構造と同じ方向) にする流儀と，その逆にする流儀の両方がある．最近では後者が一
般的であり，本書でもこれにならう.
4) 一方，syntactic head とよばれる形式では，自立語間の関係を示す助詞，前置詞な
どは親として扱われ，「彼←だけ←が←泊まった」「with → telescope」のような依存構
造となる.

140

(a)
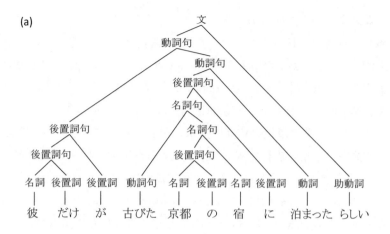

(b)
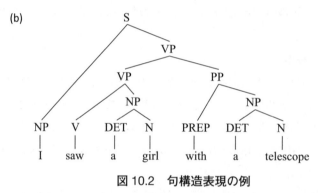

図 10.2　句構造表現の例

えば「京都の」と「宿」がまとまって名詞句「京都の宿」となり，それ
がさらに「古びた」とまとまってより大きな名詞句となる．日本語の助
詞は自立語の後ろに位置することから後置詞ともよばれ，名詞句＋後置
詞からなる句を後置詞句とよぶ．

　3章で紹介した Penn Treebank は，英文の句構造表現を括弧の入れ子
構造で表現したものであり，図 10.2 のような木の表現に一意に変換する
ことができる．

10.1.3 依存構造表現と句構造表現の関係

　依存構造表現と句構造表現の関係を整理しておこう．依存構造表現は，日本語文の解析で古くから用いられてきた．日本語文は語順が比較的自由で，省略も頻繁に起こる．このような性質を持つ日本語文に対して，語句と語句の直接の修飾関係を定義する依存構造表現は自然な表現である．

　また，依存構造表現は，句のノードが必要ないという意味で恣意性が少ない，名詞と動詞の関係を直接捉えられるので意味処理につなげやすいなどの長所があり，最近では日本語以外の多くの言語の解析でも広く用いられるようになってきている．

　一方，句構造表現は，英語などの語順が固定的で省略の少ない言語の構文の説明に適した表現であり，英語を対象とする言語学，自然言語処理において広く用いられてきた．句のノードとその間の関係を定義する必要があり，また恣意性の問題があるが，逆により豊かな情報を表現できる形式である．

　句構造表現から依存構造表現への変換は，句を構成する要素の中に 1 つ主辞を定義しておき，句構造木において主辞を順に親ノードへ伝搬させることで実現できる．後に 10.2 節で句構造規則（表 10.1）を説明するが，ここで下線を引いたものが semantic head の依存構造木を得るための主辞である．この情報を用いれば図 10.2(b) の句構造表現を図 10.1(d) の依存構造表現に変換できる．逆に，依存構造表現から句構造表現へ一意の変換を行うことは一般にはできない．

10.1.4 構文の曖昧性

　自然言語の文には，複数の解釈が可能な文がある．たとえば図 10.1，図 10.2 の日本語文には，「宿が古びている」解釈と「京都が古びている」解釈があり，この違いは構文の違いとして表現できる．図は前者の解釈

に対応する構文を示したものである．後者の解釈の場合は，たとえば図10.1(b) の文節依存構造木では「古びた」を「京都の」の子ノードとする木となる．

同様に図 10.1，図 10.2 の英文には，「望遠鏡で見る」解釈と「望遠鏡を持った少女」という解釈がある．これは，英語の前置詞句が動詞句を修飾することも名詞句を修飾することもできるためであり，図は前者の解釈を示している．図 10.2(b) の句構造木において，girl の名詞句と with の前置詞句をさきにまとめて，新たな名詞句を作る構文が，後者の解釈に対応する構文木である．

このように，ある文に複数の構文が考えられることを構文の曖昧性があるとよび，構文を決めることは文の解釈を決めることに相当する．与えられた文の可能な構文を求めること，またその中から妥当と考えられる構文を選択することを**構文解析** (parsing または syntactic analysis) とよぶ．

10.2 文脈自由文法と構文解析

10.2.1 文脈自由文法

文法 (grammar) とは，広義には，言語の体系を分析・記述するものであり，人間の言語能力をさす場合もある．しかし，ここでは，自然言語の文の構造を規定するものを文法とよぶこととし，まず，自然言語処理において広く用いられている**句構造文法** (phrase structure grammar) について説明する．

前節で句構造表現を説明した (図 10.2)．句構造文法は，句構造表現における一段階の親子関係を取り出し，これを次のような規則として捉えたものである．

　　　S → NP VP

このような規則を**書き換え規則** (rewriting rule) または**生成規則** (production rule) とよぶ. この英文に対する規則は, S(文) は NP(名詞句) と VP(動詞句) に書き換えられる, あるいは逆に NP と VP から S が作られるということを示している.

　句構造文法においては, 句構造木の葉ノード, すなわち単語に相当するものを**終端記号** (terminal symbol), それ以外の句に相当するものを**非終端記号** (nonterminal symbol) とよぶ. また, 非終端記号の中で, S のように句構造の根ノードに相当するものを特別に**開始記号** (start symbol) とよぶ.

　句構造文法には, どのような形の書き換え規則を許すかによってクラスがあり, 形が自由であれば表現能力が高いがその取り扱い (計算) が困難であり, 形が制限されればその逆になる. 自然言語の文を扱う場合には, 書き換え規則の左辺 (矢印の左側) を非終端記号一つに制限する**文脈自由文法** (context free grammar; CFG) が用いられることが一般的である.

　文脈自由文法の中で, さらに, 書き換え規則の右辺が非終端記号二つ, または終端記号一つであるという制限をもうけたものを**チョムスキー標準形** (Chomsky normal form) とよぶ. 図 10.2 に示したものは, チョムスキー標準形の文脈自由文法による句構造であり, その書き換え規則の一覧を表 10.1 に示す. なお, 任意の文脈自由文法は等価なチョムスキー標準形に機械的に変換することができる.

　句構造文法は, 開始記号からはじめて順に書き換え規則を左から右に適用し, すべてが終端記号列に書き換えられればそれが言語の文である, というかたちで言語を規定する. 一方, 逆に, 文からはじめて書き換え規則を右から左に適用し, 開始記号に到達すれば, それによって図 10.2

表 10.1 英文の文脈自由文法 (チョムスキー標準形)

句構造規則	辞書規則
S → NP VP	N → I | girl | telescope
NP → DET N	NP → I | girl | telescope
NP → NP PP	V → saw
VP → V NP	VP → saw
VP → VP PP	DET → a
PP → PREP NP	PREP → with

注) 右辺が非終端記号二つの規則を句構造規則, 右辺が終端記号一つの規則を辞書
規則として区別しておく. 句構造規則の右辺の下線は主辞を表す (10.1.3 節).

に示したように文の構造を知ることができる. すなわち, これが構文解
析である.

10.2.2 CKY 法

与えられた文に対して, 文脈自由文法として記述された文法規則を満
たす文の構造はどのようにして求められるだろうか. ここでは, 表 10.1
に示したチョムスキー標準形の文脈自由文法に基づいて, "I saw a girl
with a telescope" という文の構造を求める問題を考える.

まず考えられる単純な方法は, 開始記号からはじめて, 順に規則を適
用して非終端記号を書き換えていき, これを与えられた文が得られるま
で繰り返すという方法である. 解析失敗であることがわかったら, 別の
規則の適用が可能であった時点まで後戻りして, 解析を再開する.

$$S \Rightarrow NP\ VP \Rightarrow DET\ N\ VP \Rightarrow a\ N\ VP\ \times$$
$$\Rightarrow NP\ PP\ VP \Rightarrow \cdots$$

しかし, この方法は, 入力文の長さに対して指数オーダの計算時間を必

CKY 法

入力文 $:= w_1\ w_2\ \cdots\ w_n$
for $i:=1$ **to** n **do**
$\quad a(i,i) = \{\mathrm{A} \mid \mathrm{A} \to w_i \in$ 辞書規則 $\}$
for $d:=1$ **to** $n-1$ **do**
$\quad$ **for** $i:=1$ **to** $n-d$ **do**
$\quad\quad j = i + d$
$\quad\quad$ **for** $k:=i$ **to** $j-1$ **do**
$\quad\quad\quad a(i,j) = a(i,j)$
$\quad\quad\quad\quad \cup \{\mathrm{A} \mid \mathrm{A} \to \mathrm{BC} \in$ 句構造規則, $\mathrm{B} \in a(i,k),\ \mathrm{C} \in a(k+1,j)\}$
if $(\mathrm{S} \in a(1,n))$ **then** accept **else** reject

図 10.3　CKY 法

要とする方法であり，現実的な方法ではない.

　単純な方法の問題点は，解析の途中経過を記憶しないため，無駄な計算を繰り返す点にあった. この問題を，途中経過をテーブルとして記憶することで解決する **CKY 法** (Cocke-Kasami-Younger algorithm) とよばれる方法を説明する.

　CKY 法の擬似コードを図 10.3 に，CKY 法による解析例を図 10.4 に示す. CKY 法では三角行列 $a(i,j)$ $(1 \leq i \leq j \leq n,\ n$ は単語数) をテーブルとして用い，入力文から S を作り出す方向に解析を進める.

　まず，辞書規則を参照することによって，入力文の i 番目の単語を生成する非終端記号を対角線要素 $a(i,i)$ に与える. 次に，要素 $a(i,j)$ に i 番目から j 番目までの隣接する単語列を生成する非終端記号を与える. これは $a(i,k)$ $(i \leq k < j)$ 中の記号と $a(k+1,j)$ 中の記号をまとめる句構造規則を探し，その左辺の非終端記号を与えることによって実現される. この処理を対角線要素からはじめて順に右上方向に進めていく. たとえ

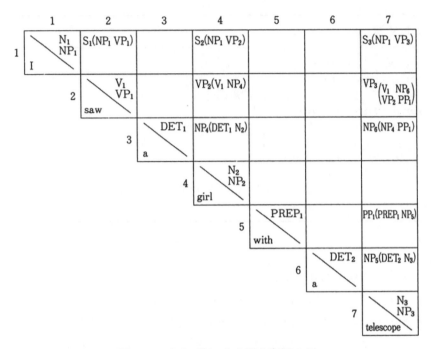

図 10.4　CKY 法による構文解析の例

ば，図の $a(3,4)$ の NP_4 は，$a(3,3)$ の DET_1 と $a(4,4)$ の N_2 から 2 番目の句構造規則によって作られる．また $a(3,7)$ の NP_6 は，$a(3,4)$ の NP_4 と $a(5,7)$ の PP_1 から 3 番目の句構造規則によって作られる．

　このように，表中に与える非終端記号はインデックスによって区別し，各記号がどの二つの記号をまとめて作られたものであるかをポインタによって記録しておく．最終的に $a(1,n)$ に S が与えられれば，入力文の解析は成功となり，S からポインタを逆にたどることによって文の構造を得ることができる．CKY 法は，擬似コードにおいて入力文の長さ n に関するループが 3 重であることから明らかなように，計算量は $O(n^3)$ で

ある.

　CKY 法では，構文の曖昧性がある場合，文法を満たすすべての構文 (解釈) が解析結果に含まれる．図 10.4 の例では，$a(2,7)$ の VP$_3$ に二つ の作り方があることが構文の曖昧性を示している．すなわち，V$_1$ と NP$_6$ から作られる VP は「望遠鏡を持った少女」という解釈に，VP$_2$ と PP$_1$ から作られる VP は「望遠鏡で見る」解釈に対応するものである.

　文法を満たす構文の中には，自然な構文，若干不自然な構文，意味的 に不適当な構文など様々なものが含まれる.

10.3 構文的曖昧性の解消の手がかり

　自然言語では多くの場合ある文に対して複数の構文が考えられる，す なわち構造的曖昧性がある．ここではその中から妥当な構文を選択する 方法について考える.

10.3.1 形に対する手がかり

　構文の解釈において，意味が重要な役割をはたすことは間違いない. しかし人間は，新たな，未知のことを聞いても多くの場合それを解釈でき るので，構文の形に対してある種の優先的な解釈が存在するはずである.

　もっとも基本的で強力な手がかりは，近くのものを修飾する，あるい は近くのものと関係を持つという性質である．たとえば「A の B の C」 という名詞句には「A の」が「B」を修飾するか「C」を修飾するかとい う曖昧性があるが，一般には前者が優先される．述語と項の関係の場合 も同様であり，「N で V$_1$ して V$_2$ した」でも，「N で」が「V$_1$ して」を 修飾する解釈が優先されるであろう.

　英語においては，これは**right association** として知られる優先解釈で， たとえば，"I thought it would rain yesterday" という文では，yesterday

が thought ではなく rain を修飾する読みが優先される．この名称は，英語の副詞や前置詞句は後ろから前を修飾するが，その時に右側 (後ろ) にある近い句とまとまりやすいというところからきている．

このように「近くのものを修飾する」という性質は，そのような文章の方が人間の解釈の認知的負荷が軽く，書き手の側もできるだけそのような構文を優先するということとも関係している．

日本語では，この他にも，トピックを示す「～は」という句は文末の述語に係りやすい，読点の直前の句は直近というよりももう少し遠くを修飾しやすい，などの傾向がある．

このような形に対する手がかりは強力で，日本語の文節単位の係り受けでは，基本的な文法の制約を満たすものの中で，「もっとも近くを修飾する」とするだけで 80% 程度の精度で正しい構造が求まる (ここでの精度は，各文節について正しい係り先が求まる割合)．これは，より高度な構文解析手法に対するベースラインとなる．

10.3.2 意味の手がかり

構文的曖昧性解消のもっとも重要な手がかりは意味である．意味について古くからある考え方に**選択制限** (selectional restriction) がある．これは，特に動詞，形容詞などの述語について，どのようなものが項となるかに制限があるという考え方である．たとえば「食べる」の目的語にくるのは，食べ物や食べられるものであって，それ以外のものはこないと考える．これによって，構文的曖昧性がある場合，選択制限を満たさない解釈を排除することができる．

この考え方は一見妥当に思えるが，先に説明したメタファーやメトニミーなどの語の創造的使用を考えると，必ずしも絶対的に制限できるものではない．「ガソリンを食う」「秋を味わう」などは普通に使用される

表現であり，キャッチコピーなどではもっと突飛な表現もありえる．

　そこで考えられるのが優先的解釈 (preference) である．優先的解釈とは，絶対的ではないが，一般的によくそう言われるということに基づく確からしい解釈である．たとえば「古びた京都の宿」には二つの構文が考えられるが，優先される解釈は「古びた→宿」である．これは，「古びた宿」のように「古びた」が施設，具体物を修飾する表現はよく使われるが，「古びた京都」のように地名を修飾する表現は一般的でないためである．このような判断を行うためには，実際の言語使用における語の振る舞いを学習する必要がある．

10.4　汎用言語モデルに基づく構文解析

　構文解析の精度向上，すなわち，前節で説明したような構文を決定するための様々な手がかりを見つけ，うまく利用することが 1990 年代から 2000 年代にかけての自然言語処理の代表的な研究課題であった．その中で Penn Treebank を始めとする注釈付与コーパスが構築され，様々な機械学習に基づく手法が提案された．

　そこでは，前章で説明した系列の解析と同様に，人手の工夫による手がかり (特徴量) の設計，すなわち特徴量エンジニアリングが行われた．この問題を解消し，同時に大きな精度向上をもたらしたものがやはり BERT 等の汎用言語モデルである．

　BERT に基づく構文解析 (依存構造解析) は驚くほど単純で，汎用言語モデルで得られる各語のベクトル表現を用いて各語の**主辞選択** (head selection) を行うだけである [5]．これは，8 章で説明した BERT の構成をそのまま適用できる 4 種類のタスクにはあたらないが，入力の末尾に

---

[5]　正確にはサブワード単位の処理であり，語の先頭のサブワード間の関係のみを考慮し，他は無視する．ここでは，簡単のため語の間の関係として説明を進める．

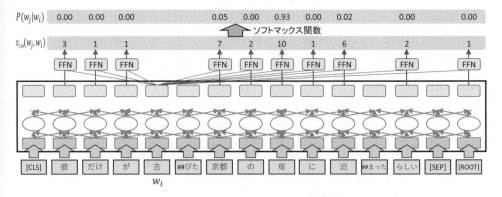

図 10.5 BERT に基づく依存構造解析

[ROOT] という特殊トークンを入れ (文全体の主辞となる単語は [ROOT] を主辞として扱う), BERT の上に単純な FFN を追加するだけである (図 10.5)).

　具体的には, 単語 w_i の主辞が単語 w_j となるスコア $s_{主辞}(w_j, w_i)$ を w_i と w_j のベクトル表現を入力とする FNN で計算し, これをもとに w_j を主辞とする確率をソフトマックス関数を用いて以下のように計算する.

$$P(w_j|w_i) = \frac{\exp(s_{主辞}(w_j, w_i))}{\sum_k \exp(s_{主辞}(w_k, w_i))} \tag{10.1}$$

　この確率分布と, 注釈付与コーパスで与えられている正しい主辞を 1, 他を 0 とする分布との交差エントロピーを損失として, 追加した FNN のパラメータの学習と, BERT のパラメータの fine-tuning を行う.

　構文解析時は, 各 w_i に対してスコア $s_{主辞}(w_j, w_i)$ が最大となる w_j を主辞とする. このように各語に対して独立に主辞を求めても, ほとんどの場合全体として非交差条件を満たす妥当な依存構造木が得られる. 日本語の場合, このような方法で, 京大テキストコーパスに対して単語単位で約 96%, 文節単位で約 94%の精度で依存関係を求めることができる.

演習課題

1)　日本語の文脈自由文法を考え，図 10.1(a) の文を CKY 法によって解析してみよう．

2)　日本語の文脈自由文法の書き換え規則の右辺に主辞を定義し，図 10.2(a) の句構造表現を図 10.1(c) の依存構造表現に変換してみよう．

3)　ウェブ上で公開されている日本語や英語の構文解析システムをインストールして，様々な文章を実際に解析してみよう．

11 | 文の意味の解析

《**目標＆ポイント**》 まず，文の定義や分類を整理し，次に文の意味として述語を中心とした述語項構造を考え，述語と項の関係である格や意味役割の解析を説明する．さらに，感情分析，含意関係認識について説明する．

《**キーワード**》 述語項構造，格，意味役割，AMR，感情分析，含意関係認識

11.1 文について

まず，文 (sentence) の定義や分類について考えておこう[1]．文とは，一つ以上の語の並びからなる言語単位で，書き手・話し手のひとつの考えなどを示し，通常，述語 (predicate) を含み，文字で書く場合は句点，疑問符，感嘆符などで終了する．語を意味の最小単位とすれば，文は情報の最小単位であるともいえる．

文の中で，意味の中心となるのは動詞，形容詞，名詞＋判定詞[2]などの述語である．述語と，「いつ」「誰が」「何を」などの項 (argument) とのまとまりを節 (clause) とよぶ．文はその中にどのような節を含むかによって次のように分類される．

単文 (simple sentence)： 一つ節からなる文，すなわち述語が一つだけの文．

---

1) 言語を説明する概念は用語や定義が定まってないことが少なくないが，自然言語処理の説明や議論を行う上で一定の共通理解が必要である．
2) 名詞に続く「だ」「である」「です」を，学校文法では助動詞としているが，ここでは判定詞とよぶ．

例）彼はお菓子を食べた.

重文 (compound sentence)： 複数の節が並立する文. 文末の節を主節, それ以外の節を並列節とよぶ.

例）彼は<u>お菓子を食べ</u>_{並列節} ジュースを飲んだ.

複文 (complex sentence)： 文末の主節に対して, 従たる従属節を持つ文. 従属節には, 原因・理由, 目的, 条件などをあらわす連用節 (または副詞節), 名詞などを修飾する連体 (修飾) 節, 主節の項となる補足節 (または引用節) がある.

例）彼は<u>お腹がすいたので</u>_{連用節} お菓子を食べた.

　　彼は<u>コンビニで買ってきた</u>_{連体節} お菓子を食べた.

　　彼は<u>お菓子を食べてない</u>_{補足節} と言った.

また, 文は意味の上では, **平叙文** (declarative sentence), **疑問文** (interrogative sentence), **命令文** (imperative sentence), **感嘆文** (exclamatory sentence) に分類される.

文や節が表現するものは, 客観的出来事や事柄を表す部分と, 「～したい」「～べきだ」など書き手・話し手の判断・態度などを表す部分に分けて考えることができる. 前者は**事態** (event), 後者は**モダリティ** (modality) とよばれることがある. 日本語文では文末や節末にモダリティが位置する.

従来の自然言語処理では, 文の意味の骨格ともいえる事態に関する問題を主に取り扱ってきた. 本章でも以降, 事態の意味を文の意味として説明を進める. 一方, 人間と人工システムとのインタフェースとして対話システムなどが発展し, 今後は話し手の意図などと関連してモダリティの扱いが重要になるだろう. そのような問題は 15 章で扱うことにする.

11.2 文の意味

11.2.1 構文と意味

　前章で構文の解析について述べたが，文の依存構造や句構造を求める
だけでは，文の意味を求めたことにはならない．文の意味は述語と，い
わゆる 5W1H，「誰が，どこで，いつ，どうやって，何を」などの項との
関係で表現できるが，文の構造はこれを明示していないからである．

　たとえば，次のような文を考えてみる．

(1) a. John broke the window with a hammer.

　　b. The window broke.

　　c. A hammer broke the window.

これらの文はいずれも「John が動作の主体であり，対象物である window
を，hammer を使って，割った」という同じ意味 (の一部) を表現してい
る．しかし，構文はまったく異なっており，broke の主語や目的語を求
めただけでは意味を捉えることはできない．

　日本語の場合，和語動詞ではこのような現象は少ないが，漢語動詞で
は同様の問題がある．

(2) a. 店がキャンペーンで売上を倍増した．

　　b. 売上が倍増した．

　　c. キャンペーンが売上を倍増した．

11.2.2 格と意味役割

　述語と項の関係で捉える文の意味構造を述語項構造 (predicate-argument
structure) とよぶ．この時，述語に対する項の役割を格 (case) とよぶ．

表 11.1　フィルモアの深層格 (チャールズ J. フィルモア (田中春美，船城道雄 訳)：格文法の原理，三省堂，1975. より転載)

動作主格 (Agent)	ある動作を引き起す者の役割.
経験者格 (Experiencer)	ある心理事象を体験する者の役割.
道具格 (Instrument)	ある出来事の直接原因となったり，ある心理事象と関係して反応を起こ させる刺激となる役割.
対象格 (Object)	移動する対象物や変化する対象物．あるいは，判断，想像のような心理 事象の内容を表わす役割.
源泉格 (Source)	対象物の移動における起点，および状態変化と形状変化における最初の 状態や形状を表わす役割.
目標格 (Goal)	対象物の移動における終点，および状態変化と形状変化における最終的 な状態，結果を表わす役割.
場所格 (Location)	ある出来事が起こる場所および位置を表わす役割.
時間格 (Time)	ある出来事が起こる時間を表わす役割.

　述語に対して，主語の役割をするものを**主格** (nominative)，直接目的 語の役割をするものを**対格** (accusative)，間接目的語の役割をするものを **与格** (dative) とよぶ．英語では語順でこれらが区別できるが，日本語で は語順が自由であるために格助詞にその働きがあり，格助詞に対応した **ガ格，ヲ格，ニ格**などの名称が用いられる．これらの格は表層的に決ま るもので，**表層格** (surface case) とよばれる．

　フィルモア (C. Fillmore) は，述語に対する項の格という考え方を深層 的・意味的なものに拡張し，文中の動詞に対して他の単語がどのような **深層格** (deep case)，すなわち**意味役割** (semantic role) を持つかというこ とを捉える**格文法** (case grammar) を提唱した．フィルモアの考えた深層 格の集合を表 11.1 に示す．

　意味役割という考え方を用いれば，(1) の 3 つの文は以下のような共通 の格構造表現によって表すことができる．

$$\text{break} \begin{cases} \text{動作主格：John} \\ \text{対象格：window} \\ \text{道具格：hammer} \end{cases}$$

すなわち，動詞 break には異なる3つの文型が存在するが，意味的には動作主格 (agent)，対象格 (object)，道具格 (instrument) という3つの意味役割を持つ一つのパターンを考えればよいことになる．このようなパターンは格フレーム (case frame) とよばれる．

11.3 英語の意味役割付与

11.3.1 PropBank

意味役割は文の意味の表現方法として有望であるが，意味を扱う研究の常として，その分類・セットを定義しようとすると収束しない．たとえば，動作主格 (agent) は意志性を持つものと考えるが，その定義や経験者格 (experiencer) との区別を明確に行うことは難しい．対象格 (object) を，動作を受け状態変化する受動者格 (patient) と，移動したりある場所に位置する (狭義の) 対象格 (theme) に分ける議論もある．

これに対して，形態素解析や構文解析と同様に機械学習の枠組みで意味役割付与 (semantic role labeling; SRL) の研究が進展することを狙って，比較的粗い意味役割を設定し，それを大規模なコーパスに注釈として与えたものが **PropBank**(Proposition Bank) である．当初は，Penn Treebank に出現する全動詞，約12万個に対して注釈が与えられ，現在では．中国語，アラビア語などにも拡張されている．

PropBank における意味役割のセットは述語ごとに設定し，動作主格などの名称は用いず，Arg0，Arg1 のように Arg+番号をラベルとしている．ただし，Arg0 はおよそ動作主格と経験者格に相当するもの，Arg1

は対象格に相当するものとし，Arg2 以降も意味的に近い動詞間でできる
だけ同一の意味役割となるように注意が払われている．

　述語ごとの意味役割のセットを **roleset** とよび，意味役割の数は多く
の場合 2 から 4，最大 6 である．また，述語が多義であれば語義ごとに
roleset を与えるが，ここでも比較的粗い粒度の語義が設定されていて，述
語ごとの roleset 数 (=語義数) の平均は 1.5 程度である．たとえば，break
の最初の語義，break.01 の roleset は以下のように与えられている．

> Roleset break.01 "break, cause to not be whole"
> Roles:　Arg0: breaker
> 　　　　Arg1: thing broken
> 　　　　Arg2: instrument
> 　　　　Arg3: pieces

　roleset に挙げられている意味役割は，各述語に対して本質的に関係す
る項であるが，時間，場所など一般的，任意的に出来事を修飾する項に
対しては ArgM-LOC (location)，ArgM-TMP(time) などのラベルが与え
られる．PropBank における注釈付与は以下のように行われる．

(3) [$_{\text{Arg0}}$ John] broke [$_{\text{Arg1}}$ the window] [$_{\text{Arg2}}$ with a hammer]
　　[$_{\text{ArgM-TMP}}$ yesterday] ．

　PropBank における Arg0，Arg1 などの意味役割表現を基盤として文
全体の意味をグラフ表現する試みとして **AMR**(Abstract Meaning Rep-
resentation) がある．2013 年に提案され，2020 年には約 6 万文を AMR
でグラフ表現したコーパスが公開されている[3]．しかし，文全体の意味
表現を考えることはモダリティの問題を含め簡単ではなく，グラフ表現
への変換の仕様もかなり複雑なものとなっている．

---

3) https://amr.isi.edu/language.html

11.3.2 PropBank に基づく意味役割付与

PropBank を教師データとして機械学習による意味役割付与のシステムを構築することができる．2000 年代には評価型ワークショップ CoNLL のタスクに採用され，様々な手法が考案された．基本的には，まず構文解析を行って構文を明らかにした上で，述語と項候補の構文の関係およびその周辺から特徴量を取り出し，述語の語義と項候補の意味役割を逐次あるいは同時に分類するという方法であった．

このタスクについても，BERT などの汎用言語モデルの利用が考えられる．系列ラベリングの問題として扱い，以下のように入力として解析対象文と解析対象の述語を与え，意味役割の BIO ラベルを出力するように fine-tuning を行う．

入力: [CLS] John broke the window with a hammer [SEP] broke [SEP]
出力:　　 B-Arg0　O　B-Arg1 I-Arg1 B-Arg2 I-Arg2 I-Arg2

このような方法によって現在では 90%程度の解析精度が実現されている．

11.4 日本語の格解析

英語では構文解析によって主格，対格などの表層格が明らかになるのに対して，日本語では構文解析を行うだけでは必ずしも表層格が求まらない．次の例文をみてみよう．

(4) オーブンでハムも乗せたパンを焼いた．

日本語では，(4) のように「は」「も」などの副助詞がある場合には「が」「を」などの格助詞が明示されない．また，連体修飾節で修飾される名詞（被修飾名詞）は，修飾節中の述語に対して格関係を持ち，(4) では「乗せる」に対して「パン」がニ格である．英語の関係節では構文からこの格

関係が明確であるのに対して，日本語の連体修飾節では明確でない[4]．

すなわち，日本語においては，意味役割付与以前の問題として，ガ格，ヲ格などの表層格を明らかにすることがまず重要な処理となる．表層格が明らかになれば，その後に能動・受身・使役の対応付け，自動詞・他動詞の対応付けを行えば，PropBank でいうところの Arg+番号に相当する意味役割がほぼ求まることになる．これらの対応付けは多くの場合規則的に扱うことができる．すなわち，日本語の格解析の中心課題は，ガ格，ヲ格などの表層格を明らかにすることであるといえる．

ただし，日本語では項が頻繁に省略されることが大きな問題であるので，格解析と省略解析の問題を合わせて次章で扱うことにする．

11.5 感情分析

これまでは述語項構造，意味役割などの観点から文の意味を考えてきた．一方，文の意味をかなり抽象化し，良い/ポジティブ (positive) なのか，悪い/ネガティブ (negative) なのか，あるいはニュートラル (neutral) なのかを認識したいという場合もある．ウェブ上のレビューや口コミ，アンケートを整理・集計する場合などが典型的であろう．

このような文の解析は**感情分析** (sentiment analysis) または**極性判定** (polarity classification) とよばれ，タスクのわかりやすさと商業的重要性から 2000 年頃から盛んに研究されてきた．「速い」といっても「計算スピードが速い」ことはポジティブであるが「バッテリーの消耗が速い」こ

---

4) 連体修飾節と被修飾名詞の格解析を難しくしている要因に外の関係がある．外の関係とは，連体修飾節と被修飾名詞の間にガ，ヲ，ニなどの格関係がなく，以下の例文のように同格 (5a)，相対関係 (5b)，因果関係 (5c) などが成り立つものである．
　(5) a. ハムを乗せた話は...
　　　 b. ハムを乗せた後で...
　　　 c. ハムを乗せた重みで...

とはネガティブであるため，他の自然言語処理タスクと同様に文脈を考
慮した曖昧性解消が必要となる．

　当初は，excellent や poor など極性を示す少数の語に注目し，それらと
の共起から極性を示す表現を徐々に獲得するというアプローチが考えら
れた．また，極性辞書の整備が行われた．その後，極性を付与した大規
模コーパスが構築され，現在では 4 章で紹介したように GLUE などのベ
ンチマークタスクとしても採用されている．また，解析手法としては，8
章で紹介したように BERT などの汎用言語モデルによって高精度な解析
が実現されている．

　なお，「あのレストランは，味は良いが，値段が高い」という文では，
「味」の観点ではポジティブであり，「値段」の観点ではネガティブであ
る．このような問題は**観点感情分析** (aspect-based sentiment analysis) と
よばれる．文に対して観点を示す表現の抽出とその観点での極性判定を
行う必要があるが，これについても汎用言語モデルを用いた様々な手法
が提案されている．

11.6　含意関係認識

　文の意味の問題に，2 つの文の間の基本的な論理関係からアプローチ
する研究がある．たとえば，「あの人は呼吸器専門医だ」という文が成り
立てば，「あの人は医者だ」も成り立つことがわかる．しかし「あの人は
男性だ」が成り立つかどうかは定かでない．

　より正確には，前提文 T(premise) と仮説文 H(hypothesis) が与えられ
たとき，T と H の関係として以下の判断を行う．

含意 (entailment)：　T が成り立つ場合に H が成り立つ，すなわち，T
　　から H が推論される．

矛盾 (contradiction)：　T と H が矛盾する.

中立 (neutral)/不明 (unknown)：　T と H の間に含意の関係も矛盾
　の関係も成り立たない.

矛盾と中立の区別をせず, 含意か含意しない (not entailment) の 2 値判断を
行う場合もある. このようなタスクは**含意関係認識** (recognizing textual
entailment; RTE) または**自然言語推論** (natural language inference; NLI)
とよばれる.

　もう少し含意関係認識の問題の具体例を見てみよう.

(6) T: アシガバート空港は, トルクメニスタンの首都アシガバート
　　　にある空港である.

　　H: アシガバートは, トルクメニスタンの首都である.

　　⇒ 含意

(7) T: 寄席が１０００円で楽しめるとは, かなりお手ごろ価格だ.

　　H: 寄席が１０００円で見られるのは安い.

　　⇒ 含意

(8) T: フィンランドの教育理念は子ども一人一人を大切にすること
　　　である.

　　H: フィンランドの教育では個性を重んじる.

　　⇒ 含意

(9) T: 新羅と唐は, 羅唐同盟を結び, 660 年に百済を, 668 年に高句
　　　麗を滅ぼした.

　　H: ７世紀に, 高句麗は唐と戦った.

　　⇒ 含意

(10) *T*: 新しくきれいな映画館が増え，話題作も相次ぐ中で，映画業
界が集客アップに力を入れている．

H: 映画界が勢いを取り戻している．

⇒ 含意

(11) *T*: レジ袋の有料化方針が報道されたが，有料となると問題が大
きい．

H: レジ袋の有料化が決まっている．

⇒ 含意しない

　これらの例からもわかるとおり，含意関係認識で扱われる *T* と *H* の
関係には様々なものがある．(6) は包含関係であるが，*T* は同格表現で，
その解釈は簡単ではない．(7)，(8) は同義関係，(9) は前提，(10) は一般
化になっている．2 つの文の間のこのような関係が (広い範囲で) わかる
ようになれば，自然言語理解に近づき，情報検索や対話システムの高度
化につながることは明らかであろう．

　含意関係認識の研究は 2005 年に英語のデータセットによる評価型ワー
クショップ PASCAL RTE Challenge の第一回が行われて一気に活発に
なり，その後もデータ構築と手法の提案が継続して行われてきた．日本
でも 2011 年から NTCIR のタスクとして RITE(Recognizing Inference
in TExt) という名前でワークショップが行われている．先に示した例は
RITE のデータセットに含まれる問題である (説明のために含意の例を
多く示したが，実際のデータセットには各関係がバランス良く含まれて
いる)．

　現在では，前節の感情分析と同じく，大規模データが構築され，GLUE
などのベンチマークタスクにも採用され，BERT などの汎用言語モデル
を用いた解析が標準的な手法となっている．

　ただし注意すべき点として，GLUE などに含まれる大規模データはクラウドソーシングで構築されたものであり，量化[5]，否定，比較表現，条件文など多様な推論現象を幅広くバランスよくカバーするものではない．一方，言語学者によって設計・構築された FraCaS とよばれるデータセットも存在するが，数百件規模であり，ニューラルネットワークに基づく解析システムを学習できる規模ではない．今後の自然言語処理のさらなる発展のためには，良質で大規模な含意関係認識のデータセットの構築が重要な課題である．

参考文献

チャールズ J. フィルモア (田中春美，船城道雄訳)『格文法の原理』三省堂，1975

Martha Palmer, Nianwen Xue, and Daniel Gildea, Semantic Role Labeling, Morgan & Claypool Publishers, 2010

演習課題

1) 日本語の和語動詞の場合にも，(ほぼ) 同じ意味内容が別の格助詞のパターンによって表現される場合がある．どのような場合か考えてみよう．

2) 含意関係認識の問題には人間にとっても難解なものもある．以下の問題を考えてみよう．

   T: パトリシア・ラムジーの死後，後任のパトリシア王女カナダ軽騎兵連隊連隊長となったのは遠縁で名付け子のパトリシア・ナッチブルであった．

   H: パトリシア・ナッチブルは親戚の名付け親であるパトリシア・ラムジーの後任として，パトリシア王女カナダ軽騎兵連隊の連隊長に着任した．

   ⇒ ?

12 | 文脈の解析

《**目標＆ポイント**》 あるまとまった情報や意図は文章として表現される．文章には，語句の間の照応関係や節・文の間の談話関係など，様々なつながりが存在する．これらの関係を明らかにする文脈解析について解説する．

《**キーワード**》 結束性，一貫性，共参照，照応，ゼロ照応，談話構造，RST

12.1 結束性と一貫性

　これまで文という単位で構造や意味を考え，そのコンピュータによる解析を考えてきた．しかし，我々が情報や意図を伝える単位は単独の文ではなく，一つ以上の文からなる文章である．この章では，文章に対する解析について考える．

　文脈 (context) という言葉は，広義にはものごとの環境や条件を広く意味するが，狭義には文や文章のつながり具合をさす．文章はあるまとまった情報や意図を伝えるものであるから，本来的につながりを持ち，そのつながりは**結束性** (cohesion) と**一貫性** (coherence) という二つの視点で捉えることができる．結束性とは，同じ，または関連するものごとが文章に繰り返し出現することによるつながりである．一貫性とは，文章中の文や節が，背景，根拠，詳細化，例示，対比など様々な意味関係を持ち，整合していることをいう．

簡単な例として以下の 3 つの文章を考えてみよう．

(1) 太郎は喉が乾いた．明日は建国記念日だ．

(2) 太郎は喉が乾いた．そのため，太郎は水を飲んだ．

(3) 太郎は喉が乾いた．彼は水を飲んだ．

文章 (1) には結束性も一貫性もなく，これでは文章とはいえない[1]．一方，文章 (2) には結束性と一貫性があり，それが同一の名詞や接続表現で明示されている．そのため，この文章のつながりをコンピュータによって解析することはそれほど難しいことではない．

　問題は，文章 (3) のような場合である．文章が結束性を持つとしても，同一の表現を何度も繰り返すことは敬遠され，常識的に理解可能な範囲で代名詞が使われたり省略が行われる．一貫性についても同様で，冗長な接続表現のない，できるだけ簡潔な文章が好まれる．前の段落の最後の文も，「そのため，この文章のつながりを …」といわずに，単に「そのつながりを …」としてもよい．通常の，自然な文章をコンピュータで理解するには，代名詞が何をさすか，何が省略されているか，また文間にどのような関係が存在するかを明らかにする処理が必要となる．このような文章のつながりに対するコンピュータ処理を**文脈解析** (context analysis) とよぶ．

12.2 照応・ゼロ照応解析

12.2.1 共参照と照応

　文章 (3) の「太郎」と「彼」のように，文章中の二つの表現が同一のものごとを指し示す現象を**共参照** (coreference) とよぶ．共参照は，二つの

---

[1] しかし，もしこれが文章として存在するなら，たとえば小説の冒頭であれば，読者は，この先に何がおこって，どのような結束性，一貫性が生まれるかを推測しながら読み進めるだろう．

太郎は喉が乾いた. 彼は水を飲んだ.　　　太郎は喉が乾いた. 彼は水を飲んだ.

　　　(a) 共参照という捉え方　　　　　　　　(b) 照応という捉え方

図 12.1　共参照と照応

表現と指し示されるものごと (referent) との 3 者の関係を捉える考え方
である (図 12.1(a)).

　一方,「太郎」と「彼」の関係は次のように考えることもできる.「彼」「そ
れ」のような代名詞,「その車」「the car」のような定名詞句は, その解釈
のために他の表現または外界を参照する必要がある. このような関係を
照応関係 (anaphoric relation) とよび,「彼」のように他を参照する表現を
照応詞 (anaphor),「太郎」のように参照される表現を先行詞 (antecedent)
とよぶ (図 12.1(b)). 以降の例では, 照応詞を下線で, 参照される表現を
太字で表すことにする.

　典型的な照応は, 文章 (3) のように参照される表現が照応詞より前方
にある前方照応 (anaphora) であるが, 次のように参照される表現が後方
にある場合もあり, この場合は後方照応 (cataphora) とよばれる (この文
の「次」も後方照応の例である).

(4) それがすべてではない. しかし, 得点力がなければ W 杯は戦え
　　ない.

　前方照応と後方照応を合わせて, 参照される表現が文章中に存在する照
応を文脈照応 (endophora) とよぶ. これに対して, 参照されるものごとが
言語表現中には存在せず, 次の例 (5)(6) の「彼」「その車」のように, 外界,

すなわちそれが発話される場面の中にあるものを**外界照応** (exophora) とよぶ (直示表現 (deixis) ともよばれる).

(5) 彼は誰ですか.

(6) その車に乗ってください.

また,例 (7)(8) のように,書き手/話し手,読み手/聞き手を参照する一人称代名詞,二人称代名詞や,それに類する「我が社」「お客様」「みなさん」などの表現も外界照応の一種と考えることができる.

(7) 私は読書が好きです.

(8) 我が社はお客様の声を大切にしています.

これまで説明してきた照応関係の分類をまとめると次のようになる.

$$
照応関係 \begin{cases} 文脈照応 \begin{cases} 前方照応 \\ 後方照応 \end{cases} \\ 外界照応 \end{cases}
$$

12.2.2 ゼロ照応

照応詞となる表現は代名詞,定名詞句などであるが,日本語の場合には,これらが頻繁に省略される.次の文章では 2 文目の主語,「太郎/彼 (が)」が省略されている

(9) 太郎は喉が乾いた.水を飲んだ.

このように省略された照応詞を**ゼロ代名詞** (zero pronoun) とよび,ゼロ代名詞が他の表現を参照することを**ゼロ照応** (zero anaphora) とよぶ.

日本語のコミュニケーションでは,「言わぬが花」ということわざに端

的に示されるように，控えめで間接的な表現が好まれる．頻繁な省略は
このこととも関係しているが，次節で述べるようにコンピュータ処理の
観点からは頭の痛い問題である [2]．

　日本語ほど頻繁ではないようだが，省略の現象は，中国語，ヒンディ
語，スペイン語などでも一般的である．

12.2.3　照応解析

　照応詞が参照する先行詞を同定する処理を照応解析 (anaphora resolu-
tion) とよぶ．

　照応詞が代名詞「彼」「he」であれば先行詞も男性・単数であるという
手がかりがある．「それ」「it」の場合にも，その述語との関係から，たと
えば「それを食べた」であれば「食べる」のヲ格になりやすいものが先
行詞であろうと推測できる．また，定名詞句であれば名詞の上位下位関
係が手がかりとなる．たとえば「その車」であれば，「タクシー」「プリ
ウス」など，上位概念が「車」である語を文章中から探せばよい．

　これらの手がかりだけで先行詞が一意に決まらない場合には，照応詞
と先行詞候補との距離（何文または何語離れているか）や，構造的関係
が手がかりとなる．構造的関係とは，たとえば，照応詞の前文にあって
副助詞「は」を伴う名詞句は先行詞になりやすいなどの関係である．

　このように照応解析においても様々な手がかりを総合した判断が必要
となるが，現在ではやはり汎用言語モデルを fine-tuning するアプロー
チが主流である．英語に関して照応関係を付与したコーパスとしては，
OntoNotes，GAP とよばれるデータが広く利用されており，これらを教

---

2)　著者の経験だが，ヨーロッパの街角で，飛び出してきた自転車にひかれそうになった
婦人が，とっさに "it's dangerous!" と叫んだのには驚いた．日本語なら「あぶない！」
である．

師データとした照応解析の精度は 80% 程度である.

これまで述べてきたような手がかりは強力であるが,それらが有効でなく,知識がなければ照応関係が解釈できない場合も少なくない.解釈に知識を必要とする照応表現約 300 例を集めたテストセットとして,**Winograd Schema Challenge**(WSC) とよばれるデータがある [3].WSC の各問題は次の例のように後ろの節 (または文) に代名詞があり,前の節のどの名詞がその先行詞であるかを求める問題である.

(10) a. **The trophy** would not fit in the brown suitcase because it was too big.

b. The trophy would not fit in **the brown suitcase** because it was too small.

WSC の問題は,代名詞の性・数だけでは解けないように作られており,さらに,他の手がかりのバイアスがないように後ろの節に二つのパターンが用意されている.問題 (10a) では it の先行詞は the trophy であり,逆に問題 (10b) では the brown suitcase である.この問題を解くためには「入れ物に物を入れる場合には,入れ物が物よりも大きくなければならない」という常識が必要である.

WSC は,GLUE,SuperGLUE などのベンチマークタスクに採用されているが,データ数が数百規模であるため,汎用言語モデルの利用を含め機械学習による手法ではランダムな選択と同程度の精度にしかならない.

一方,同様の問題をクラウドソーシングを用いて 4 万問規模で作成した WINOGRANDE とよばれるデータがある.このデータで汎用言語モデルの fine-tuning を行うと,WSC についても精度 90% 程度で解析が可能となる.

---

3) https://cs.nyu.edu/~davise/papers/WinogradSchemas/WS.html

12.2.4　日本語のゼロ照応解析と格解析

　日本語などにおいて，省略された項を求める処理，たとえば (9) の「飲む」のガ格が「太郎」であることを求める処理をゼロ照応解析 (zero anaphora resolution) または省略解析 (ellipsis resolution) とよぶ.

　ゼロ照応解析では，照応詞が存在しないため，代名詞や定名詞句があれば得られる先行詞に対する手がかりがない. さらに，そもそも文にゼロ代名詞が存在すること，すなわち，述語の項が省略されていることを発見する必要があり，照応詞が存在する場合の照応解析に比べて格段に難しい処理となる.

　前章で説明したとおり，日本語の格解析 (述語項構造解析ともよぶ) は，構文解析，構文的につながっていても副助詞や連体修飾節で格が明示されていない場合の格解析，そして，頻繁に省略される項の解析が一体となった問題であり，従来は非常に難しい問題であった. しかし，ここでも BERT などの汎用言語モデルの利用が問題を解決し始めている.

　10 章の構文解析の説明で，従来のように様々な手がかりや制約を利用するのではなく，BERT をベースに文の中から各語の主辞を直接選択するという方法が高精度に機能することを述べた. 省略解析を含む格解析においてもこの考え方を利用することができる. すなわち，各述語に対して，構文的につながっているかや，同じ文に含まれているかなどは気にせず，汎用言語モデルが扱える範囲 (数百語程度) の中から，ガ格，ヲ格などを直接選択するのである.

　主辞選択において単語 w_i の主辞が単語 w_j であるスコア $s_{主辞}(w_j, w_i)$ を BERT における各語のベクトル表現から計算したように，述語 w_i のガ格が単語 w_j であるスコア $s_{ガ格}(w_j, w_i)$ を計算し，この値に基づいてガ格を決定する. ヲ格，ニ格についても同様のことを行う. ただし，ヲ格，ニ格をとらない述語も存在するので，BERT の入力に [NULL] という特

殊トークンを与え，[NULL] が選ばれた場合にはその格はとらないもの
と判断する．

このような方法で，注釈付与コーパス[4] を用いた学習を行うと，構文的
につながっている格の解釈についてF値約90，省略された項についてF値
60〜70程度の解析が実現できる．さらに，汎用言語モデルの pre-training
のコーパスの多様化・大規模化や学習方法の改善を行うと，省略解析が
5ポイント程度向上する．

省略された項を含む格解析がこのように向上し，テキストの情報が正
確に構造化されるようになれば，情報の集約やデータマイニング的な用
途での自然言語処理の利用が大幅に進展していくだろう．

12.3 談話構造解析

文章は一貫性を持つ．すなわち，文や節などの基本単位が意味関係を
持ってつながっている．その基本単位を談話単位 (discourse unit)，つな
がりの構造を談話構造 (discourse structure) とよぶ．ここでは，談話構
造のモデルと解析について述べる．

12.3.1 RST

談話構造のモデルとしてよく知られているものは，マン (W. C. Mann)
とトンプソン (S. A. Thompson) によって提案された **RST**(rhetorical
structure theory; 修辞構造理論) である．

RST では，談話単位の間に背景，根拠，詳細化，例示，対比など20

---

4) 京大テキストコーパスの一部 (約2万文，対象は毎日新聞記事) には照応関係と，ゼ
ロ照応を含むガ格，ヲ格，ニ格等の述語項構造が付与されている．また，ウェブ上の様々
なジャンルの 5,000 文書の冒頭3文 (計1.5万文) を収集した京大ウェブ文書リードコー
パスでも同様の注釈が付与されている．

1. いよいよサッカーのW杯が始まる.
2. 今回の日本代表への期待はこれまで以上に大きい.
3. 海外のトップクラブで活躍する選手が多いからだ.

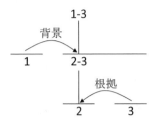

※ 図は,文3が文2の根拠で,文2が核,
　さらに,文1が文2-3の背景で,文2が
　核であることを示す.

図 12.2　RST における談話構造の例

程度の関係を考える. また, 関係ごとに談話単位間に主従の関係があり, 主となるものを核 (nucleus), 従となるものを衛星 (satellite) とよぶ.

　たとえば, ある主張を示す文のあとに, その根拠を示す文が続く場合, 2 つの文の間には根拠の関係があり, 主張を示す文をより重要であると考えて核とし, 根拠を示す文を衛星とする. ただし, 対比や列挙などの関係では, その関係でつながる談話単位の間に重要性の優劣はないと考え, いずれもが核であるとする.

　文の構文解析では, 語を単位として主辞と修飾語の関係を考え, それをもとに句を再帰的に構成して文全体の句構造を得た. 文章の談話構造についても同様の分析を考えることができる. つながりの強い談話単位から順に, 関係と核を決め, その範囲をまとめて核をその代表とする. これを再帰的に繰り返すことにより最終的に文章全体の談話構造が求まる. 図 12.2 に RST による談話構造の分析例を示す.

　RST による談話構造が求まれば, その結果から文章の要約を作ることができる. 核と衛星では核の方が重要であると考えられるので, 談話構造全体の核を中心として, それとより上位で関係を持つ談話単位を (要

約に求められる長さの制限範囲内で) 選択すればよい.

　RST のモデルに基づき，文章の談話構造を自動解析する試みもある．談話構造解析において強い手がかりとなるのは，**手がかり表現** (cue phrase) または**談話マーカ** (discourse marker) とよばれる，「なぜなら」「一方」などの表現である．これら以外にも，談話単位間の距離，語句の重複など様々な手がかりがあるので，談話構造の注釈付与コーパスを作成し，そこから様々な手がかりに基づく解析を学習することになる.

　談話構造解析の難しさは注釈付与コーパスの構築にある．RST に基づいて構築された注釈付与コーパスとしては，RST Discourse Treebank[5] があるが，談話の単位，関係，構造の認定は人にとっても難しく，一貫性のある注釈をコーパスに付与することは簡単ではない.

12.3.2 Penn Discourse Treebank

　RST のように文章全体の談話構造を求めることはせず，言語表現にひも付けた形で，談話単位間の談話関係だけを与えたコーパスとして，**Penn Discourse Treebank**(PDTB) がある [6].

　PDTB の注釈付与では，まず，接続表現 (connective) と，談話単位となる二つの項 (Arg1，Arg2) を見つける．接続表現は，明示される場合と，明示されない場合がある．接続表現が明示され，because，when などの従属節接続詞である場合には，それと構文的に直接つながっている文や節を Arg2 とし，もう一方の項を Arg1 とする．Arg1 と Arg2 は前後するだけでなく，次の例のように埋め込まれる場合もありうる (以下では接続表現を下線，Arg1 を斜体，Arg2 を太字で区別する).

---

5) https://www.isi.edu/~marcu/discourse/Corpora.html
6) https://catalog.idc.upenn.edu/LDC2019T05

表 12.1　Penn Discourse TreeBank 3.0 における談話関係タグ

TEMPORAL(時間)	COMPARISON(比較)
・SYNCHRONOUS(重なりあり)	・CONCESSION(逆接)
・ASYNCHRONOUS(重なりなし)	・CONCESSION+SPEECHACT(発話逆接)
	・CONTRAST(対比)
CONTINGENCY(事態可能性)	・SIMILARITY(類似)
・CAUSE(原因)	
・CAUSE+BELIEF(根拠)	**EXPANSION**(展開)
・CAUSE+SPEECHACT(発話理由)	・CONJUNCTION(連言)
・CONDITION(条件)	・DISJUNCTION(選言)
・CONDITION+SPEECHACT(発話条件)	・EQUIVALENCE(等価)
・NEGATIVE-CONDITION(逆条件)	・EXCEPTION(例外)
・NEGATIVE-CONDITION+SPEECHACT	・INSTANTIATION(例示)
(発話逆条件)	・LEVEL-OF-DETAIL(詳細化)
・PURPOSE(目的)	・MANNER(実現方法)
	・SUSTITUTION(選択肢除外)

(11) *Most oil companies,* <u>when</u> **they set exploration and produc-
tion budgets for this year**, *forecast revenue of \$15 for each
barrel of crude produced.*

接続表現が並列接続詞 (and, or など), 副詞表現 (for example, instead
など) の場合には, 前方のものを Arg1, 後方のものを Arg2 とする.
　一方, 接続表現が明示されず, 読み手の推論によって談話関係の存在
が理解される場合は, 次の例の BECAUSE のように接続表現を補う.

(12) But a few funds have taken other defensive steps. *Some have
raised their cash positions to record levels.* <u>Implicit = BECAUSE</u>
**High cash positions help buffer a fund when the market
falls.**

抽象的な談話関係を考える前に, このように明示的な接続表現を補うこ
とで, 作業を具体化し, 注釈付与の一貫性・信頼性を向上させることが
目的である.

　このように，談話関係を持つ二つの項とその接続表現をタグ付けしたのちに，表 12.1 に示す 2 階層に整理された談話関係を与える[7]．明示的な接続表現がある場合でも，その談話関係が曖昧な場合がある．たとえば，since は時間と因果，while は時間と比較で曖昧であり，それらの区別を行う．

　PDTB の注釈付与作業は専門のアノテータによって注意深く行われている．2019 年に公開された PDTB 3.0 では，Penn Treebank, PropBank と同じ WSJ の記事を対象に，約 5 万件の注釈 (項ペアと談話関係タグの 3 つ組) が与えられている．PDTB に基づく談話構造解析においてもやはり汎用言語モデルの利用が主流である．

12.3.3 京都大学ウェブ文書リードコーパス

　京都大学ウェブ文書リードコーパスでは，約 6,500 件のウェブ文書の冒頭 3 文を対象に談話関係の注釈が与えられている．

　構文解析結果をもとに「〜ので」など強い従属節がある複文は自動分割し，談話単位を決める．そして，文書中のすべての談話単位ペアに対して談話関係のタグを与える．コーパス中のウェブ文書の冒頭 3 文は平均して 4 つの談話単位に分割され，談話単位ペアは平均 6 組である．

　談話関係タグはクラウドソーシングによって付与しており，クラウドワーカの作業を簡単かつ明瞭にするために，表 12.2 のように PDTB よりも単純化した談話関係タグを用いる[8]．PDTB との大きな違いとして，TEMPORAL(時間) と EXPANSION(展開) に相当する関係は「関係なし」として扱い，CONTINGENCY(事態可能性) と COMPARISON(比

---

7)　実際には 3 階層で定義されているが，3 階層目は，因果の場合に Arg1 と Arg2 のどちらが結果であるかなどの区別をするためのものである．
8)　PDTB においても，PDTB 2.0 から PDTB 3.0 への改訂で談話関係をかなり整理・単純化している．

表 12.2　京都大学ウェブ文書リードコーパスにおける談話関係タグ

順接系
・原因・理由：【ボタンを押したので】【お湯が出た.】
・目的：【試験に受かるために】【必死に勉強した.】
・条件：【ボタンを押せば】【お湯が出る.】
・根拠：【ここにカバンがあるから】【まだ社内にいるだろう.】

逆接系
・対比：【大阪は雨だが,】【東京は晴れだ.】
・逆接：【あのレストランはおいしいが】【値段は高い.】

関係なし (または弱い関係)【家に着いてから】【雨が降ってきた.】

較) に相当する関係のみを与える. これらの関係が, 将来, 情報の集約や言論の整理を行うシステムにおいて特に重要になると考えられることも, 関係を限定している理由である.

本コーパスを用いて BERT の fine-tuning を行い, 2つの談話単位間の関係を解析すると,「関係なし」の判断を含む精度が約 85%, 関係がある場合の F 値が約 50 となる. 3 文とはいえ, 離れている談話単位間の関係を含めて解析することはまだ難しい問題である. 汎用言語モデルの進展が期待できるものの, (クラウドソーシングによる) コーパス構築の質の改善も課題である.

参考文献

成山重子 (著)『日本語の省略がわかる本』明治書院，2009

演習課題

1) 適当な文書 (新聞記事，ブログ記事など，何でもよい) について，照応，ゼロ照応の注釈を付与してみよう．

2) 同じ文書について，RST による談話構造や，PDTB 3.0 の基準による談話関係の注釈を付与してみよう．

13 | 情報検索

《**目標＆ポイント**》情報検索の基礎である転置インデックス，語の重要度の計算，汎用言語モデルの利用，情報検索の評価尺度，評価型ワークショップについて解説する．また，ウェブ検索について，ページの質の尺度であるページランク，さらに，広く用いられているグーグル検索で行われていることを紹介する．

《**キーワード**》転置インデックス，TF-IDF 法，密検索手法，適合率，再現率，F 値，MAP，ページランク

13.1 はじめに

　必要な情報を探すことは，人の知的活動の根源ともいえる．情報検索[1]は，古くは，論文やビジネス文書に対してその内容を表現するキーワードを人手で付与しておき，検索時にもキーワードを与えてマッチする文書を提示するというものであった．

　その後，文書から重要なキーワードを自動抽出して検索対象とすること，さらに，語の重要度を考慮しつつ文書の全体を検索対象とする**全文検索** (full text search) に発展した．1990 年代からは，ウェブの出現とともに，ウェブの全文検索，いわゆる**サーチエンジン** (search engine) の研究開発が加速度的に進展した．

　現在では，人々の生活においても，企業活動などにおいても，ウェブ

---

[1]　「情報検索」というのは若干大げさな表現で，「情報」そのものを検索するのではなく，「得たい情報に関連する文書」を検索するという意味である．

文書1	言語, コンピュータ, 問題
文書2	コンピュータ, 問題
文書3	言語, 問題, 情報
文書4	問題, 情報
文書5	情報, コンピュータ

言語	文書1, 文書3
コンピュータ	文書1, 文書2, 文書5
問題	文書1, 文書2, 文書3, 文書4
情報	文書3, 文書4, 文書5

図 13.1　転置インデックス

検索によって情報を収集し，それを判断・行動のよりどころとすることが少なくない．その意味でウェブは一種の社会基盤であり，その検索が有効に機能することは極めて重要である．この章では，情報検索，ウェブ検索の基本的な仕組みを説明する．

13.2 情報検索の仕組み

13.2.1 転置インデックス

　本には索引があり，調べたい語に関連する重要な箇所に効率的にアクセスすることができる．ウェブなどの大規模な文書集合に対する全文検索の場合も同様で，あらゆる語がどの文書に出現するかを事前に調べて索引を作っておく．このような索引を**転置インデックス** (inverted index) とよぶ．

　ここでは，説明の簡単化のために5つの文書が検索対象で，その中の語の出現が図 13.1 の左の表のようになっているとする．この時，右の表のような転置インデックスを作っておけば，どの語がどの文書に出現しているかということが一目瞭然となる．たとえば，「言語」を含むのは文書1と文書3であり，さらに，「言語」と「コンピュータ」の両方を含む

のは文書 1 だけであることも簡単に求められる.

図 13.1 では語が各文書に出現するかどうかだけをインデックスしたが,実際のウェブ検索などでは各文書における各語の出現位置,すなわち,文書の先頭から何文字目にその語が出現するかもインデックスしておく.出現位置の関係を調べれば二つの語が文書中で隣接していることがわかり,複合語などの検索が可能となる.

13.2.2 語の重要度

検索したい内容を表現する語集合や自然文をクエリ (query) とよぶ.大規模な文書集合に対する検索では,クエリ中の語をすべて含む文書が多数存在することも少なくない.たとえば,「言語 コンピュータ」でウェブ検索を行うと 1 千万件を超える文書がマッチする.そこで,それらの文書をクエリに対する**関連度** (relevance) によって**ランキング** (ranking) することが必要となる.

クエリと文書の関連度の計算は,語 (term) の重要度に基づいて行われる [2].ある語が文書の中で多数出現すれば,その文書はその語に強く関連すると考えられる.すなわち,語の重要度の基本は文書 d における語 t の頻度 $tf_{t,d}$ であり,これを **TF**(term frequency) とよぶ.

では,クエリが「言語 問題」である場合,「言語」と「問題」のどちらが検索においてより重要と考えられるだろうか.おそらく「言語」の方が検索の意図をより限定的に表現する重要な語であり,これに対して「問題」は一般的な語であるため,クエリに関連する文書を絞り込む効果は大きくないと思われる.

---

2) 語の重要度は,コンピュータ処理能力が十分でなかった時代には,キーワードの選択基準として用いられた.しかし現在では,すべての語を検索対象とする全文検索が一般的であるので,語の重要度は検索のランキングのための尺度して用いられている.

表 13.1　TF-IDF 法の計算例 (文書の列の二つの値はそれぞれ tf と tf-idf)

	df	idf	文書 1	文書 2	文書 3	文書 4	文書 5
言語	2	0.40	2, 0.80	0, 0.00	1, 0.40	0, 0.00	0, 0.00
コンピュータ	3	0.22	1, 0.22	1, 0.22	0, 0.00	0, 0.00	2, 0.44
問題	4	0.10	2, 0.20	2, 0.20	3, 0.30	1, 0.10	0, 0.00
情報	3	0.22	0, 0.00	0, 0.00	2, 0.44	1, 0.22	1, 0.22

このような違いを表現する尺度が **IDF**(逆文書頻度, inverted document frequency) である.　検索対象の文書集合中で，ある語 t を含む文書数 df_t を**文書頻度** (document frequency) とよぶ (各文書にその語が何回出現しているかは問わない).　文書頻度は，「言語」のような限定的な語では比較的小さな値，「問題」のような一般的な語では比較的大きな値になる. そこで，次式で計算される IDF の値を，語の重要度のもう一つの尺度と考える.

$$idf_t = \log \frac{N}{df_t} \tag{13.1}$$

ここで，N は検索対象の文書の総数である.

　語 t の文書 d における重要度を TF と IDF の積，すなわち，$tf_{t,d} \times idf_t$ とする方法を **TF-IDF 法**とよぶ.　表 13.1 に TF-IDF 法の計算例を示す. ここでは文書数 $N = 5$, $df_{言語} = 2$ であるので，$idf_{言語}$ は $\log 5/2 = 0.40$ となり，$tf_{言語, 文書 1} = 2$ であれば，tf-$idf_{言語, 文書 1} = 0.80$ となる.

13.2.3 ベクトル空間モデル

　表 13.1 の各列は，各文書について，そこに含まれる語とその重要度によって文書の内容をベクトルで表現したものと考えることができる.　ク

エリについても同じ次元のベクトルで表現することによって，ベクトル間の類似度を用いてクエリに対する文書のランキングを行う検索モデルをベクトル空間モデル (vector space model) とよぶ．ベクトル空間モデルでは文書とクエリの意味内容を語の集合 (bag of words) として近似しているといえる．

　たとえば，表 13.1 の文書集合に対して，「言語 問題」というクエリを与える場合，次のベクトル間の類似度を計算することになる．類似度としてはベクトル間の余弦などが用いられる．

$$
\boldsymbol{d}_{\text{文書}\,1} =
\begin{bmatrix} 0.80 \\ 0.22 \\ 0.20 \\ 0.00 \end{bmatrix}, \quad
\boldsymbol{d}_{\text{文書}\,2} =
\begin{bmatrix} 0.00 \\ 0.22 \\ 0.20 \\ 0.00 \end{bmatrix}, \quad
\boldsymbol{d}_{\text{文書}\,3} =
\begin{bmatrix} 0.40 \\ 0.00 \\ 0.30 \\ 0.44 \end{bmatrix}, \cdots, \quad
\boldsymbol{q} =
\begin{bmatrix} 1 \\ 0 \\ 1 \\ 0 \end{bmatrix}
$$

$$\cos(\boldsymbol{d}_{\text{文書}\,1}, \ \boldsymbol{q}) = 0.83$$
$$\cos(\boldsymbol{d}_{\text{文書}\,2}, \ \boldsymbol{q}) = 0.48$$
$$\cos(\boldsymbol{d}_{\text{文書}\,3}, \ \boldsymbol{q}) = 0.74$$
$$\cos(\boldsymbol{d}_{\text{文書}\,4}, \ \boldsymbol{q}) = 0.30$$
$$\cos(\boldsymbol{d}_{\text{文書}\,5}, \ \boldsymbol{q}) = 0.00$$

この結果，検索のランキングは文書 1，文書 3，文書 2，文書 4，文書 5となる．

13.2.4 汎用言語モデルの利用

　情報検索においても，BERT 等の汎用言語モデルの利用が進んでいる．まず，検索対象の文書長は様々であるが，多くの場合 BERT が扱える数

184

百語の範囲には収まらない．そこで，文書を数百語または数十文に分割し，これをパッセージ (passage) とよぶ．基本的にはパッセージを関連度によってランキングする問題として扱い，文書をランキングする場合にはそこに含まれるパッセージの関連度を元に計算する．

クエリとパッセージの関連度を計算する素朴な方法としては，クエリとパッセージを [SEP] でつないで BERT の入力とし，[CLS] トークンのベクトルから関連度が計算できるように情報検索のデータセット (13.3.3 節参照) で fine-tuning を行うことが考えられる．

しかし，情報検索の対象パッセージ (文書) は超大規模である．たとえば英語 wikipedia だけでも数千万パッセージ，TREC の評価データセットは 1 億パッセージ，ウェブ検索ではそれをはるかに超える．クエリが与えられるたびにすべてのパッセージとの間で上記のような計算をすることはとてもできない．

そこで，BERT によるベクトルへの変換はパッセージとクエリで独立に行う．事前にパッセージのベクトル表現として，各パッセージを BERT に与え，[CLS] トークンのベクトルを計算しておく．検索時には，クエリを BERT に入力し，[CLS] トークンのベクトルを求め，このベクトルとの類似度に基づきパッセージをランキングする [3]．

このような方法は，前節の単語をベースとする方法と比較して密検索手法 (dense retrieval method) とよばれ，2019 年頃から盛んに研究されるようになり，後で述べるとおり昨今の評価型ワークショップでは成績上位を独占している．

なお，汎用言語モデルに基づくパッセージ検索は，次章で説明する質問応答でも利用される技術である．

---

3)　ベクトルの近傍計算を行うプログラムがいろいろと開発・公開されており，億スケールの近傍計算を高速に行うことができる．

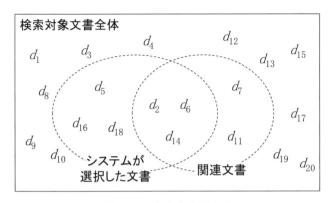

図 13.2　適合率と再現率

13.3 情報検索の評価

13.3.1 適合率，再現率，F 値

　情報検索の結果はどのように評価すればよいだろうか．簡単な例として，図 13.2 のような状況を考える．検索対象文書が 20 個あり，あるクエリについてそのうち 5 個が関連する文書 (正解) である．一方，情報検索システムは 6 つの文書を選択し，そのうち関連する文書は 3 文書であるとする．このとき，適合率 (precision)，再現率 (recall)，F 値 (F-measure) という 3 つの尺度を次のように定義する．

$$\text{適合率} = \frac{|\text{システムの選択文書} \cap \text{関連文書}|}{|\text{システムの選択文書}|} = \frac{3}{6} = 0.5 \tag{13.2}$$

$$\text{再現率} = \frac{|\text{システムの選択文書} \cap \text{関連文書}|}{|\text{関連文書}|} = \frac{3}{5} = 0.6 \tag{13.3}$$

$$F\text{値} = \frac{2 \times \text{適合率} \times \text{再現率}}{\text{適合率} + \text{再現率}} = \frac{2 \times 0.5 \times 0.6}{0.5 + 0.6} = 0.55 \tag{13.4}$$

システムがすべての文書を選択する極端な場合，再現率は 1.0 となるが，適合率は 5/20=0.25 と低くなってしまう．実際，すべてを選択したのでは検索の意味がない．一方，システムが最も自信のある 1 文書のみを選択しそれが正解であるとすれば適合率は 1.0 となるが，再現率は 1/5=0.2 と低くなってしまう．

このようにトレードオフの関係にある適合率と再現率のバランスをみるものが，その調和平均である F 値である．さきほどの極端な場合の F 値はそれぞれ 0.4 と 0.33 であり，図 13.2 の 6 文書を選択した場合より低い値になっていることがわかる．

なお，情報検索を単純な精度 (accuracy)，すなわち各文書に対する判断 (関連するかしないか) の正しさの割合で評価することには意味がない．通常，検索対象文書は大量であり，すべて関連しないと判断すれば 1.0 に近い精度となるからである (図 13.2 の例では 15/20=0.75)．

適合率，再現率，F 値という考え方は情報検索に限ったものではなく，たとえば固有表現認識など，何かを抽出するタスクで一般的に用いられる尺度である．一方，たとえば語への品詞付与のように，すべてに適切な情報を与えるというタスクでは精度を考えればよい．

13.3.2 MAP

前節の説明は，あるクエリに対して各文書が関連するかしないかの 2 値判断を行う場合の評価であったが，すでに述べたとおり，情報検索ではランク付きで結果を返すことが必要であり，また一般的である．さらに，一つのクエリだけでなく，複数のクエリに対する平均的な良さでシ

ステムを評価する必要がある.

このような点を考慮して,情報検索の評価ワークショップなどで一般に用いられている評価尺度が **MAP**(mean average precision) である.まず,あるクエリ q に対する平均適合率 (average precision),$AP(q)$ を次のように計算する.

$$AP(q) = \frac{1}{n} \sum_{k=1}^{n} \frac{k}{r_k} \tag{13.5}$$

ここで,n は q に関連のある文書数,r_k はシステムのランキングの中で k 番目の関連文書のランクである.

たとえば,図 13.2 と同様に 20 個の文書があり,あるクエリに対してシステムが 20 文書を以下のようにランキングし,実際の関連文書は 5 つ (下線のもの) であったとする.

$\underline{d_6}, d_{18}, \underline{d_{14}}, d_5, d_{16}, \underline{d_2}, d_8, \underline{d_{11}}, d_{12}, d_1, d_{20}, d_{17}, d_3, d_4, \underline{d_7},$
$d_{19}, d_9, d_{15}, d_{10}, d_{13}$

すなわち,システムのランキングにおいて 1 番目,3 番目,6 番目,8 番目,15 番目が関連文書であったとすると,$AP(q)$ は次のように計算される.

$$AP(q) = \frac{1}{5}(\frac{1}{1} + \frac{2}{3} + \frac{3}{6} + \frac{4}{8} + \frac{5}{15}) = 0.6 \tag{13.6}$$

1/1 はシステムが最上位にランクした文書をかえしたときの適合率,2/3 は 3 番目までの文書をかえしたときの適合率であるので,上記の計算が適合率の平均を計算していることがわかるだろう.

m 個の評価クエリ集合 $Q = \{q_1, q_2, ..., q_m\}$ が与えられると,MAP は各クエリの平均適合率の平均値として次のように計算される.

$$MAP(Q) = \frac{1}{m} \sum_{k=1}^{m} AP(q_k) \tag{13.7}$$

13.3.3 情報検索の評価型ワークショップと評価データセット

情報検索においても，評価型のワークショップが開かれ，データが整備されることにより研究が推進されてきた．英語では TREC，日本語では NTCIR が代表的なワークショップであり，検索評価セット (クエリとその関連文書) が整備されている．

検索対象が数百万規模になると関連文書の正確な正解データを作ることは現実的に不可能である．その場合は，ワークショップに参加した各システムが選択した文書集合の和に関連文書がすべて含まれていると仮定し，その中から人が判断して関連文書の正解データを作成する．そのため情報検索の評価セットを用いた再現率は仮想的なものであることに注意が必要である．

TREC では，2019 年から Deep Learning Track が始まり，大規模な学習データが準備され，深層学習に基づく情報検索手法が議論されている．ここで用いられているのは，**MS MARCO** とよばれるデータである．サーチエンジン Bing の百万クエリをベースとし，各クエリに対する Bing の検索上位の文書が収集され，(データ構築の経緯は少々複雑であるが) 2021 年の V2 では全体として約 1,200 万文書，1.4 億パッセージからなる．ここに，クラウドソーシングによって，約 50 万クエリに対してそれぞれ関連する 1 文書，約 40 万クエリに対してそれぞれ 1 パッセージが学習データとして与えられている [4)]．

---

4) MS MARCO の構築を含め TREC Deep Learning Track の運営ではマイクロソフトが大きな貢献をしている．

　TREC Deep Learning Track 2021 におけるテストセットは, 文書検索, パッセージ検索それぞれ約 500 クエリである. この中から参加者には公開されない形で約 50 クエリずつが実際の評価対象に選ばれ, 各クエリに対して参加システムとベースラインのシステムが選ぶ上位 100 文書／ 100 パッセージの和集合に対して人手による関連度の判断が行われた. このように実施された TREC Deep Learning Track 2021 において, 成績上位をおさめたのは圧倒的に密検索手法を用いた手法であった.

13.4 ウェブ検索

13.4.1 ウェブ検索の仕組み

　ウェブ検索はサーチエンジン (search engine) ともよばれる. これまでに説明してきた情報検索の基本的な枠組みに加えて, ウェブを対象にすることによって追加で考慮すべき事項がある.

　ウェブ検索は大きく誘導型 (navigational) と調査型 (informational) に分類することができる. 誘導型の検索は, 企業や行政のホームページのように存在することを知っている, あるいは存在することが予想されるページを見つけることを目的としたものである. この場合, クエリは企業名などであり, クエリとページの中身のマッチングよりも, クエリとは独立に, ページの質を考える必要がある. すなわち, 単にその企業名を含むページではなく, その企業のトップページなどを重要と考える尺度が必要となる (次節でその方法を説明する).

　一方, 調査型の場合は, そもそも何を調べたいかが明確でない場合も含め, 様々な場合がありえる. たとえば, 漠然と「子育ての問題点を調べたい」という場合もあれば,「子供の体力低下について知りたい」,「子供の体力低下に対する有効な対策を知りたい」,「○○という運動器具が安全で効果的かどうかを知りたい」などの場合もある. このような検索で

は，前節で説明したクエリとページの関連度がまず重要であるが，ウェブ上には玉石混交の様々なページがあることから，誘導型の場合と同様にページの質を合わせて考慮することが有効である．

サーチエンジンにおいては，検索だけでなく，ウェブページの収集も重要な処理である．ウェブページを収集するソフトウェアはクローラー (crawler) とよばれる．ウェブは HTML のハイパーリンクでつながったウェブページの集合体であり，そこには全体の地図はない．クローラーの基本的動作は，いくつかの種となるページを出発点に，そのページを解析してハイパーリンクを抽出し，その先のページを取得し，またそのページを解析するということを繰り返す．

全体の地図がないウェブにおいて，ウェブページが何ページ存在するかを推測することは難しい問題であるが，少なくとも日本語で 100 億ページ規模，全言語ではそれよりも一桁以上大きい規模と考えられる．クローラーの難しさは，このウェブの大規模さに加えて，ページの誕生と消滅，さらに既存ページの更新がきわめて頻繁に起こる中で，いかにフレッシュなページを収集するかという点にある．様々な工夫が行われているが本書ではこの問題には踏み込まないことにする．

13.4.2 ページランク

ウェブは玉石混交であり，有益な情報を含む重要なページがある一方で，そうでないページも大量に存在する．そこで，クエリとは独立に，また，ページの中身をみるのではなく，ハイパーリンクによるウェブの構造のみを利用してページの質を計算するページランク (PageRank) とよばれるアルゴリズムがある．

ページランクの基本的な考え方は「重要なページは重要なページからリンクされている」というものであり，ページ u の質 $PR(u)$ を以下の式

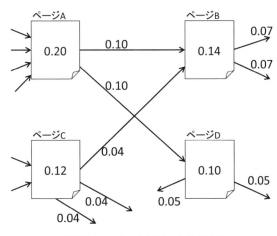

図 13.3　ページランクの計算

で定義する.

$$PR(u) = \frac{1-d}{N} + d \sum_{v \in B_u} \frac{PR(v)}{L_v} \tag{13.8}$$

ここで, B_u はページ u をリンクしているページの集合, L_v はページ v からのリンク数である. N は (計算対象とする) ウェブページの総数, d はダンピング・ファクターとよばれるもので 0.85 程度に設定される.

　図 13.3 にページランクの計算の様子を示す ($d = 1$ の場合). たとえば, ページ B はページ A とページ C からリンクされており, ページ A のページランクが 0.20, ページ A からのリンクが 2 本であるとすると, ページ A からページ B に 0.10 が与えられると考える. 同様に, ページ C からページ B に 0.04 が与えられ, その結果ページ B のページランクは 0.14 となる. このように, ページランクはそれをリンクしている他のページのページランクから再帰的に定義されており, ウェブ全体の各ページの

ページランクは繰り返し計算によって求めることができる.

　ページランクの意味は次のようにも解釈できる. すなわち, ページランクは, ダンピング・ファクター d の確率でハイパーリンクをランダムに選択してページを移動し, 確率 $1-d$ でハイパーリンクと関係なくまったくランダムに任意のページに移動する場合の, 各ページの滞在確率に相当している. 全ウェブページのページランクの総和は 1 となる.

　ページランクはグーグルの創業者であるブリン (S. Brin) とペイジ (L. Page) によって提案されたもので, グーグルの検索が高精度で一気に人気を得た原動力の一つであった.

13.4.3 グーグル検索で行われていること

　現在, 最も広く利用されているサーチエンジンはグーグルであろう. その技術の詳細は公開されていないが, ここではグーグルのホームページの説明からその概要を見ておこう [5].

　グーグルでは数千億ウェブページの全文をインデックスしており, 先に述べたクローラーによって常に新しい情報が取得されている. 検索クエリに対して, 次のような点を考慮して, 関連性と質の両面で有用な検索結果をランキングしている.

　関連性の観点では, この規模で密検索手法を用いることは現実的ではなく, 語に基づくベクトル空間モデルが基本になっているものと思われる. ただし, クエリの解釈において, ミススペルの認識・修正や文脈に応じた類義語の付与が行われており, そこでは汎用言語モデルが活用されている. たとえば,「ノートパソコンの明るさを変える」というクエリであれば「変える」に対して「調整」という類義語が付与され,「電球を変える方法」というクエリであれば「交換」という類義語が付与される.

---

　[5] https://www.google.com/intl/ja/search/howsearchworks/

　さらに，より広いユーザの文脈も考慮されている．たとえば少し前に「バルセロナ対アーセナル」を検索していれば，「バルセロナ」と検索したユーザが知りたいのは都市ではなくサッカーチームについての情報だろうと推測する．また，シカゴのユーザが「football」で検索すればアメリカンフットボールやシカゴベアーズに関連する検索結果が，ロンドンにいるユーザーが「football」で検索すればサッカーやプレミアリーグに関連する検索結果が優先される．

　質 (専門性，権威性，信頼性) の観点では，前節で説明したページランクが重要な尺度であるが，タイトルや説明の明確さ，ページの責任主体の明示なども手がかりとなる．

　このようにサーチエンジンが行っていることは，様々な手がかりを総合的に利用する機械学習である．そのパラメータを学習するための教師データとしては，ユーザがあるクエリに対してどのようなページを訪れたかというインタラクションデータや，検索品質評価者による検索結果に対する関連性と質の評価結果が用いられている．

参考文献

北研二，津田和彦，獅々堀正幹 (著)『情報検索アルゴリズム』 共立出版，2002

Christopher D. Manning, Prabhakar Raghavan, and Hinrich Schütze, Introduction to Information Retrieval, Cambridge University Press, 2008

演習課題

1) 適合率，再現率，F 値の計算を，本章の例とは異なるもので具体的
に行ってみよう．

14 質問応答

《目標＆ポイント》質問に対して明確に答えを返すタスクを質問応答とよぶ．
2000 年代の研究の集大成である Watson，機械読解についての重要なデータ
セットである SQuAD，HotpotQA などについて説明する．また，オープン
ドメイン QA，汎用言語モデルによる Closed-book QA について説明する．
《キーワード》Watson，機械読解，SQuAD，HotpotQA，オープンドメイ
ン QA，Closed-book QA

14.1 はじめに

　情報検索のように，クエリに対する関連文書をランキングして返すの
ではなく，「富士山の高さは何メートルですか」のような質問に対して
「3,776m です」と明確に答えを返すタスクを**質問応答** (question answering;
QA) とよぶ．

　計算機が人間の質問に答えてくれることは魅力的であり，黎明期から
自然言語処理の目標の一つと考えられてきた．当初は対象ドメインを限
定したり，FAQ(frequently asked questions)，すなわち「よくある質問」
としてまとめられた知識を利用する研究が行われた．

　2000 年代に入り，自然言語処理の進展とともに，大規模なコーパスを
知識源としてどのような質問にも答える**オープンドメイン QA** の研究が
進められた．次節で紹介する Watson はその成功例であった．

　その後，ニューラル自然言語処理が進展し，言語理解の代表的な課題
として質問応答の研究が活発化した．当初は，質問の解答を含むテキス

トが与えられ，その中から解答を探し出す設定で研究が進んだ．この設定は**機械読解** (machine reading comprehension) ともよばれる．

　現在では，情報検索と組み合わせて，まず，適切なテキストを見つけてから機械読解を行う設定や，テキストは参照せず，汎用言語モデルだけで解答する設定での研究も進展している．

14.2 Watson

　2011 年 2 月，スーパーコンピュータが米国の人気クイズ番組「Jeopardy!」で人間のチャンピオンを破ったというニュースが世界を駆け巡った．そのシステムは IBM 創業者の名前から **Watson** と名付けられた．1997 年に IBM のプログラムがチェスの世界王者に勝利したが，これに続く IBM によるグランドチャレンジであった[1]．

　Watson はたとえば次のような問題に答えることができた．

Q: MARILYN MONROE & BRILLO BOXES WERE 2 OF THIS
　 ARTIST'S SUBJECTS
　 (マリリン・モンローとブリロ・ボックスがこの芸術家の画材で
　 あった)
A: Who is Andy Warhol?
　 (アンディ・ウォーホル)

　質問応答で一般的に扱われるのは，上記の例のように具体的な事実を問う問題で，**事実型質問** (factoid question) とよばれる．事実型質問では，まず質問文から解答のタイプを推定する．上記の例であれば「芸術家」と

1）　Watson は司会者の音声を自動認識して解答しているのではなく，同じタイミングでテキスト入力が与えられ，それを解釈して解答するシステムであった．
デモビデオ：http://www.youtube.com/watch?v=KVM6KKRa12g

いう表現から答えは人名だろうと推測する．「富士山の高さは何メートルですか」という質問であれば，長さを示す数値表現であると推測する．

　次に，質問からクエリを作り，文書よりも小さい段落程度 (パッセージ) を単位として情報検索を行い，関連するパッセージをランク付きで抽出する．そして，各パッセージの言語解析を行い，解答タイプに合致する固有名や数値表現などの名詞句を解答候補として抽出する．「富士山の高さ」が質問であれば，「富士山　高さ」の検索結果テキストから「〜m」などの数値表現を取り出し，「オバマ大統領の出身地」が質問であれば「オバマ大統領　出身地」の検索結果テキストから地名を取り出す．

　最後に，解答候補の頻度や，その出現文脈などを手がかりとしてランキングを行い，最上位のものを解答とする．ここでも，これまで紹介してきた枠組みと同様に，質問と解答の学習データを用意し，機械学習の枠組みで手がかりに対する重みを学習する．これが 2000 年代に行われたオープンドメイン QA の基本的なアプローチである．

　Watson ではさらに，クイズで勝利するために，解答の確信度を計算し，クイズの展開の中で相手の点数，自分の点数，問題の点数などを総合して解答するかしないかを判断するということも行われた．Watson は，ニューラル言語処理以前の，特徴量エンジニアリングに基づく自然言語処理の集大成的なシステムであったともいえる．

　その後，Watson は医療分野での病名診断支援システムや医師の訓練システムへの応用も行われた．

14.3 機械読解

Watson の時代のオープンドメイン QA が扱ったのは，固有名が解答となる比較的単純な事実型質問であった．一方，自然言語処理の基礎解析が徐々に成熟してきたこともあり，言語理解のテストベッドとして，文章が与えられ，それを読んで質問に答える**機械読解** (machine reading comprehension) が活発に研究されるようになった．

14.3.1 SQuAD

大規模で，かつ自然な質問文が与えられ，機械読解の研究を牽引したデータセットが**SQuAD**(Stanford Question Answering Dataset) である [2)3)]．

SQuAD の問題の例を図 14.1 に示す．Wikipedia の 1 段落 (パッセージ) に対して，いくつかの質問文が与えられ，パッセージ中の連続する単語列を各質問の解答として抜き出す．SQuAD ではこのような質問と解答がクラウドソーシングを用いて約 10 万組構築されている．

2016 年の SQuAD の論文では，人間の解答精度が完全一致 77%，F 値 89 [4)] であるのに対して，特徴量に基づく機械学習システムの精度は完全一致 40%，F 値 51 と報告されている．その後，ニューラル言語処理が急速に発展し，2018 年には人間の精度を超えるモデルが提案された．

ニューラル言語処理の研究は，それを鍛える課題設定・データ構築と，新たなモデル提案が車の両輪として進められてきた．SQuAD についても，「(パッセージの中にその質問に対する) 解答はない」と答えなけれ

---

2) それ以前の大規模な機械読解データセットは，文章の要約文の一部を隠して穴埋め問題としたものが主流であった．
3) https://rajpurkar.github.io/SQuAD-explorer/
4) 正解単語列とシステムが推測した単語列の重なりから F 値を求め，全質問に対する F 値の平均をとったもの．

In meteorology, precipitation is any product of the condensation of atmospheric water vapor that falls under <u>gravity</u>. The main forms of precipitation include drizzle, rain, sleet, snow, <u>graupel</u> and hail... Precipitation forms as smaller droplets coalesce via collision with other rain drops or ice crystals <u>within a cloud</u>. Short, intense periods of rain in scattered locations are called "showers".

Q: What causes precipitation to fall?

A: gravity

Q: What is another main form of precipitation besides drizzle, rain, snow, sleet and hail?

A: graupel

Q: Where do water droplets collide with ice crystals to form precipitation?

A: within a cloud

図 14.1　SQuAD の問題の例 (パッセージ中の解答箇所に下線)

ばならない約 5 万の質問文を追加した SQuAD 2.0 が 2018 年に発表された．このような質問が加わっても人間の精度はさほど変化しないが，当時の質問応答システムの F 値は 20 程度低下し，人間の精度を大きく下回ることとなった．

　しかし，SQuAD 2.0 についても，2018 年末に発表された BERT により，2019 年の初頭には質問応答システムが人間の精度に追いついた．その方法は，8.2.2 節で説明したとおり質問文とパッセージを [SEP] でつないで入力とし，パッセージ中の解答範囲を BERT の最上位層の単語ベクトルから選ぶという驚くほど単純な方法であった．その後も汎用言語

モデルの進展とともに解答精度は向上し，2021 年には F 値 93 を超えている．

　自然言語処理のベンチマーク GLUE には，SQuAD をベースとして，パッセージ中の各文と質問のペアを作り，その文が質問の答えを含むかどうかを判断する QNLI(Question-answering NLI) というタスクがある．しかし，QNLI は自動解析の精度が人間の精度を大きく上回ってしまったため，GLUE の後継である SuperGLUE には含まれていない．かわりに，SuperGLUE では以下の質問応答タスクが採用されている．

COPA(Choice of Plausible Alternatives)　ブログを対象文章とし，因果関係の知識を必要とする 1,000 問．人手で作成．

MultiRC(Multi-Sentence Reading Comprehenshion)　Wikipedia 記事，ニュース記事，科学・法律・歴史などの論説の一段落を対象とし，段落中の複数文を解釈しなければ解答できない問題約 8,000 問．質問作成，解答作成，確認など多段階のクラウドソーシングで作成．

14.3.2 HotpotQA

　SQuAD は一つの文章を読めば解答できる質問のデータセットであった．これに対して，複数の文章を読まなければ解答できない，より難易度の高いデータセットとして **HotpotQA** がある[5]．HotpotQA もクラウドソーシングによって構築されており，問題として用いるのは Wikipedia 各記事の最初の段落である．問題は，図 14.2 に示すように大きく橋渡し型と比較型にわかれ，前者が 75%，後者が 25% となるように構成されている．

　橋渡し型の質問は，図 14.2 の Buddy Hield(バスケットボール選手) の

---

5) https://hotpotqa.github.io/

橋渡し型 (一重下線が解答箇所，二重下線が橋渡し entity)

Paragraph A: The 2015 Diamond Head Classic was a college basketball tournament ... Buddy Hield was named the tournament's MVP.

Paragraph B: Chavano Rainier "Buddy" Hield is a Bahamian professional basketball player for the Sacramento Kings of the NBA...

Q: Which team does the player named 2015 Diamond Head Classic's MVP play for?

比較型

Paragraph A: LostAlone were a British rock band ... consisted of Steven Battelle, Alan Williamson, and Mark Gibson...

Paragraph B: Guster is an American alternative rock band ... Founding members Adam Gardner, Ryan Miller, and Brian Rosenworcel began...

Q: Did LostAlone and Guster have the same number of members?

Answer: yes

図 14.2　Hotpotqa の問題の例

ように橋渡しの役割をする entity があり，その entity を介して二つの文章をつなげて解釈しなければ解答できない質問である．橋渡し型の質問は，Wikipedia のある先頭段落と，そこにリンクされている別記事の先頭段落をクラウドワーカに提示して作成してもらう（リンクされた entity が橋渡しの entity となる）．解答の形式は，SQuAD と同様に段落中の連続単語列である．

　一方，比較型の質問は，同じカテゴリーの二つの entity の属性などを比較する質問である．比較型の質問を作るために，まず 40 組程度の同じカテゴリーの entity 集合を人手で収集する．そこからランダムにカテゴ

リーとその中の二つの entity を選び，それぞれの記事の先頭段落をクラウドワーカーに示して質問を作成してもらう．比較型の質問の半数は，図 14.2 のような yes/no で解答する質問で，残りの半数は "Who has played for more NBA teams, Michael Jordan or Kobe Bryant?" のように entity を答える質問である．

HotpotQA では，解答に必要な文章 (段落) の与え方に二つの問題設定がある．distractor とよばれる設定では，本来必要な 2 段落に 8 つの段落をノイズとして加えた 10 段落が知識源として与えられる．8 つの段落は，質問文をクエリとして TF-IDF に基づく検索により類似した (誤って使ってしまいそうな) 段落を選択する．full wiki とよばれる設定では，すべての Wikipedia 記事の先頭段落 (500 万超) を知識源とする．HotpotQA は，全体として約 11 万問，このうち約 7,400 問が distractor の評価セット，別の約 7,400 問が full wiki の評価セットとして指定されている．

HotpotQA に対しても BERT などの汎用言語モデルを用いることができる．full wiki 設定の場合には，まず前章で説明した密検索手法を用いて，質問文をクエリとして数十の候補段落を取り出す．その上で，質問文と各候補段落ペアを汎用言語モデルに与え，解答 (段落中の単語列または yes/no) とその確信度を計算し，最終的にもっとも確信度の高い解答を採用する．

HotpotQA 評価基準は，SQuAD と同様に完全一致と F 値であるが，以下の説明では F 値のみを示す．HotpotQA に対する人間の精度は F 値 91 であるのに対して，2022 年 6 月現在の自動解析の最高精度は distractor 設定で F 値 84，full wiki 設定で F 値 81 程度であり，まだ人間の精度との間に開きがある．

汎用言語モデルに基づく方法は attention 機構によって質問文と 2 つの段落中の単語間の様々な関係を捉えているとはいえ，橋渡しの entity

や比較の関係を明示的に扱うことはできない．そこで，現在でも様々な
手法が検討されており，たとえば，質問文を分解して順に問題を解いて
いくという人間の直感にあう方法も提案されている．図 14.2 の橋渡し型
の質問であれば，もとの質問文を自動的に以下のような 2 つの質問に分
解する．

> Q1: Which player named 2015 Diamond Head Classics MVP?
> Q2: Which team does ANS play for?

まず Q1 の解答を求め，その答えを Q2 の ANS に埋め込んで Q2 の解答を
見つけるという方法である．

さらに，Wikipedia のハイパーリンクのグラフ構造を利用する方法や，
entity，文，段落などを単位としてグラフニューラルネットワークを用い
る方法なども提案されている．

14.4 オープンドメイン QA

機械読解は，文章が与えられ，それを理解して質問に答えるという問
題設定であった．ニューラルモデルの進展によってこの設定で比較的複
雑な質問にも答えられるようになり，あらためてオープンドメイン QA
への取り組みが活発化している．すなわち，Wikipedia 全体や，ウェブ
スケールの文書集合を知識源として，任意の質問に答えるという設定で
ある．HOTPOTQA の full wiki もこの問題設定といえる．

オープンドメイン QA の基本的な手法は，まず検索モジュール (retriever)
が前章で説明した密検索手法を用いて質問文に関連するパッセージを検
索し，次に読解モジュール (reader) が検索されたパッセージと質問文を
BERT などに与えて解答箇所を特定する．読解モジュールは，パッセー
ジ中の解答箇所を選ぶのではなく，BART などの seq2seq モデルを用い

て解答を生成する場合もある.

オープンドメイン QA のデータセットとしては,Google の検索ログを質問文とし,Wikipedia 中の表現を解答とした **Natural Questions** や,雑学問題とその解答をウェブから抽出した **TriviaQA** などがある.これらのデータセットにはいずれも 10 万問規模の質問応答ペアが収録されている.

14.5 Closed-book QA

ここまでの問題設定は,答えが書かれている文章を参照して質問に答えるというもので,これは **Open-book QA** [6] ともよばれる.これに対して,文章などを参照せず,記憶の範囲で質問に答える設定を **Closed-book QA** とよぶ.

BERT などの汎用言語モデルは大規模なテキストで pre-training を行っている.その結果,穴埋め問題などが解けるようになっているということは,そこに知識が埋め込まれていると考えることができる.たとえば,"Dante was born in [MASK]" の空所を Florence と埋めることができれば,言語モデルが「ダンテはどこで生まれたか」という質問に答えられることを意味している.実際,BERT に Wikidata や ConceptNet の知識を穴埋め問題として与えると,かなりの問題が解けることが知られている.

2020 年に発表された **GPT-3** は,数千億語のテキストで pre-training を行った 1750 億パラメータからなる巨大な言語モデルである [7].GPT-3 では,最初に "Answer the following question." のようにタスクの説明を与えるだけで,あるいは,モデルが扱う文脈の範囲 (2,048 トークン) で

---

6) 学校でいえば,教科書持ち込み可の試験に相当する.人間の場合には簡単になるが,言語理解の研究の過程ではそれが十分に難しい問題であった.
7) https://beta.openai.com/overview

タスクの具体例を少し与えるだけで，fine-tuning を行わずに様々なタスクを解くことができる．このような設定は，与える具体例の数に応じて zero-shot，one-shot，few-shot(10〜100 例程度) とよばれる．

　SuperGLUE では，最高精度のシステムのスコアが 90 程度であるのに対して，GPT-3 の few-shot で 71.8 というスコアが報告されている．質問応答については，GPT-3 の few-shot で TriviaQA に対して (文章を参照する) オープンドメイン QA システムの最高精度に匹敵する精度を出すことができる．

　zero-shot で GPT-3 を試してみると，たとえば以下のような驚くべき質問応答の結果が得られる．

　　Answer the following question.

　　Question: I was hungry, but I didn't eat anything. Why?

　　(訳: 私はお腹がすいたけど，何も食べなかった．なぜでしょう?)

　　Answer: There could be a number of reasons why someone might not eat even though they're hungry. Maybe they're trying to lose weight, or maybe they can't afford to buy food. Or, there could be a medical reason why they can't eat, such as an allergy or a condition that makes it difficult to digest food.

　　(訳: ... おそらく減量中，または，食べ物を買うお金がない，あるいはアレルギーや食べ物の消化が難しいなどの医学的理由があるのかもしれない．)

演習課題

1) SQuAD や HOTPOTQA の leaderboard(サイトに提出された解析システムの成績一覧) をみて，ニューラル言語処理の進展のスピードを感じてみよう．

2) OpenAI のサイトで登録すれば GPT-3 を試すことができる．GPT-3 を用いて質問応答などを行ってみよう．

15 | 対話システム

《**目標&ポイント**》 人間と自然に対話することができる対話システムの実現
は AI，自然言語処理の究極の目標の一つである．発話の意味，対話システム
の歴史，さらに，昨今進展著しいニューラル対話システムについて説明する．
最後に講座全体のまとめを簡単に述べる．
《**キーワード**》 発話の意味，会話の公理，ELIZA，SHRDLU，ATIS，ニュー
ラル対話システム，Wizard of Wikipedia，BlenderBot

15.1 発話の意味

　自然言語は人間の思考，感情，意志などを非常に微妙なところまで伝
えることができる道具である．そして，比較的短い言語表現である**発話**
(utterance) を二人あるいは少人数で相互にやりとりする**対話** (dialogue)
または**会話** (conversation) は，情報伝達や合意形成の重要な手段である．
　ここではまず，人間の対話における発話の意味について考える．文の
意味が前後の文や場面，状況などの文脈に依存することはこれまでにも
説明してきた．対話における発話は特に文脈への依存度が大きく，文脈
から切り離して意味を考えることはできない．言語学では，このような
文脈に基づく発話の意味を扱う分野を**語用論** (pragmatics) とよぶ．
　発話は，単にある事態を表現しているというだけではなく，聞き手に
対する働きかけや自分の意思の表明であると解釈する必要がある．それ
は，依頼，勧誘，命令であったり，約束，宣告であったりする．このよう
な意味で，話し手の発話は行為の一種であると考えることができる．さ

208

らに，発話の意味は，字面の意味を越えて解釈すべき場合も少なくない.

たとえば，次のそれぞれの発話は，場面や状況によっては，その右側のように勧誘や依頼の意味を持つと考えるべきであろう.

- 日曜日はひまですか？ ⇒ 日曜日に遊びに行こう (勧誘).
- ちょっと暑いですね. ⇒ エアコンを入れてください (依頼).

このように，直接の字面通りの意味ではなく，間接的な意味を伝達する行為は**間接発話行為** (indirect speech act)，またその意味は**会話の含意** (conversational implicature) とよばれる.

このような複雑な解釈が必要であるにも関わらず，通常，会話が円滑に進むのは，会話の参加者がある原則に基づいて協調的に会話に参加しているためである．グライス (P. Grice) はこの原則を 4 つの公理にまとめ，**会話の公理** (maxims of conversation) と名付けた．また，この公理に基づき協調的に会話が行われることを**協調原理** (cooperative principle) とよんだ.

1) **量 (quantity) の公理**：必要かつ十分な情報を提示する
2) **質 (quality) の公理**：真実性のある情報を提示する
3) **関係 (relation) の公理**：関連性のある情報を提示する
4) **様式 (manner) の公理**：明確で簡潔な形で情報を提示する

我々の会話はこれらの公理を満たすかたちで進められる．また，一見これらの公理に反すると思われる発話が行われた場合，守られるべき公理に「一見反する」ことには理由があるはずだと考えることで，別のより深い解釈が導かれる.

たとえば，「日曜日はひまですか？」という問いに対する「月曜日に試験があります」という発話は，質問に答えておらず，またこの問いを勧誘

と解釈したとしてもその肯定でも否定でもない．その意味で，一見，関係の公理に反していると思われる．しかし，関係の公理は守られているはずだと考えることで，この発話の本当の意味，すなわち，遠回しに勧誘を断っているという解釈が導かれる．

会話の中では，曖昧な言い方をしたり，嘘をつくこともあるが，それらも，単に様式の公理や質の公理に反するということではなく，相手に何らかの事情があるのだろうという推測を促すことになる．

現在の対話システムでは，このような深い推論に基づいて発話の解釈を行うことは困難である．しかし，対訳コーパスに基づく機械翻訳がある程度の意訳を実現しているのと同様に，現在の対話システムは対話コーパスでの学習に基づいており，相手の意図を汲み取ったと感じられる応答を行うことも少なくない．

15.2 対話システムの歴史

人と自由に，知的に対話するシステムやロボットは，映画「2001 年宇宙の旅」(1968 年) の HAL をはじめとして，SF などではお馴染みのものである．対話システムの研究の歴史は古く，初期の代表的なシステムとして 1960 年代の **ELIZA** と **SHRDLU** があるが，この二つは設計思想がまったく異なるシステムであった．

ELIZA は精神療法におけるカウンセリングの状況を模倣したシステムで，対話者の発話の中身を理解することは一切行わない．対話者の発話に対するきわめて素朴なルール，たとえば always を含む発話であれば「Show me some specific examples」と応答するというようなルール群を用いて対話を続けるシステムである．しかし，意外に対話は続くのでお

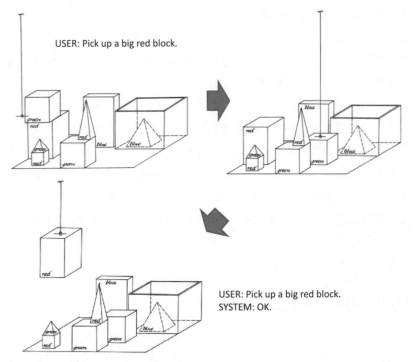

図 15.1　SHRDLU の積み木の世界 (T. Winograd: Procedures as a Representation for Data in a Computer Program for Understanding Natural Language, MIT AI Technical Report 235, 1971 より)

もしろい[1].

　一方, SHRDLU は理解に基づく対話を目指したもので, ロボット・アームで積み木を操作するという, 極めて単純なある種のおもちゃの世界 (toy world) に対話内容を限定し, その代わりにその世界についてはコンピュータの中ですべてが理解されているという状況を作り出した (図 15.1). 積み木の操作について, 現在の状態や操作による状態変化を把握し, また

---

1)　Emacs の M-x doctor で試すことができる.

it などの照応表現も解釈して対話を行うことが可能であった.

　ELIZA と SHRDLU はいずれも当時としては画期的な対話システムであったが, ELIZA の対話は表層的なものに終始し, SHRDLU の対象を他の, より現実的な世界に拡張することは困難であった. また, これらはいずれも音声ではなくテキスト入出力によるシステムであった.

　その後, 音声認識技術の発展を受けて, 1990 年頃から音声による対話システムが構築されるようになり, ケンブリッジの街の案内を行う MIT の音声対話システム VOYAGER の開発や, 米国・カナダのフライトの情報案内をターゲットとした米国 DARPA による **ATIS** (Airline Travel Information System) プロジェクトが行われた. ATIS プロジェクトでは, 1 万発話を超える音声対話コーパスが構築され, コーパスに基づく対話システムの研究を牽引した. このような研究成果もあり, 2000 年頃からは米国で電話の自動音声応答の入力をテンキーから音声発話に置き換えるサービスが実用化された.

　2000 年以降, コーパスと機械学習による自然言語処理の進歩, 大規模データに基づくクラウド型音声認識での大幅な精度向上があった. これらを基盤として, DARPA の人工知能プロジェクト CALO(2003–2008 年)からのスピンオフによる音声対話システム **Siri** のサービスが 2010 年にはじまった. Siri は, 携帯端末操作, 質問応答などに ELIZA 型の雑談対話が融合されたもので, 音声で自由に対話できることが大きな話題となった. 日本でも同様の機能を持つ NTT ドコモの「しゃべってコンシェル」, Yahoo! JAPAN の「音声アシスト」が 2012 年に発表された.

　これらのシステムは, 前章の質問応答タスクにおける Watson と同様に, 特徴量エンジニアリングに基づく完成度の高いシステムであり, 雑談を続けるとボロが出るが, 携帯端末の操作などでは十分有用なシステムであった. これらの技術に基づき, 天気やニュースの問い合わせ, 家

電操作，商品注文などができるスマートスピーカーや，スマートフォン上で企業や自治体への商品注文，問い合わせなどができるチャットボットなどが開発された．企業や自治体のチャットボットには，システムによる回答が難しい場合に有人対応に切り替える機能もあり，徐々に利用が広がっている．

2015年頃からは，ニューラル自然言語処理の進展が始まり，対話システム研究においても，ニューラルネットワークに基づく手法が主流となった．現在では人間とある程度自然に雑談することができるシステムも実現されている (15.4節).

15.3 対話システムの分類

ここで，対話システムの分類と，それぞれにおける特徴・課題などを整理しておこう．

まず，対話システムは音声対話システムとテキスト対話システムにわけることができる．Siri やスマートスピーカーは音声対話システムであり，チャットボットは (スマートフォンに対して音声入力をすることはできるが基本的には) テキスト対話システムである．前者の場合には，システムが音声認識誤りの可能性を想定する必要があり，また，ユーザの側にも少し明確に発話する努力が必要となる．

分類の別の観点として，**身体性** (embodiment) がある．人型ロボットのように現実の身体性を持つもの，ディスプレイ内で仮想エージェントとして顔・上半身などの身体性を持つもの，Siri やスマートスピーカーのように身体性を持たないものに分類できる．対話を行う人型ロボットとしてはソフトバンク社の Pepper などがあり，デモ的要素が強いが店頭での接客実験なども行われている．企業等のチャットボットには仮想

的身体性を持つものもある．身体性がある場合は，表情や身振り手振りを情報伝達，対話の円滑化に活用することができる．ユーザ側の表情や身振り手振りの認識を含めて，マルチモーダル対話システムの研究開発は今後の重要な課題である．

最後に，**タスク指向** (task-oriented) 対話と，**雑談** (chitchat) 対話の区別を考える．対話システムの起源でもある SHRDLU は積み木の世界の操作をタスクとするタスク指向の対話システムであった．その後の VOYAGER や ATIS もある種の案内タスクのシステムであった．現在の企業や自治体のチャットボットも，商品注文や問い合わせに対応するタスク指向システムである．タスク指向対話ではユーザの発話の範囲がかなり限定されることから，研究を行いやすく，また，実応用につなげることも比較的容易であった．

雑談対話はオープンドメイン対話ともよばれる．人間の雑談には，人間関係を構築したり維持する上で重要な働きがあり，商取引等での信頼感の醸成や嗜好の獲得，医療・介護・福祉において癒しや安らぎを与える機能もある．雑談では，相手がどのような発話をするか想定できず，どのような発話がきても (わからない場合には聞き返すことも含めて) 柔軟に対応する必要がある．ELIZA は極めて単純なルールでそのような振る舞いを実現しようとしたが，少し対話をすれば何も理解していないことがすぐにわかってしまうものであった．

なお，対話そのものはタスク指向対話と雑談対話に大別することができるが，対話システムには，その主たる目的があるタスクの遂行であっても一定程度の雑談能力が求められる．しかし，2022 年の段階で，スマートスピーカーやチャットボットに組み込まれている雑談機能はまだまだ初歩的なものである．

15.4 ニューラル対話システム

近年のニューラル自然言語処理の発展により，オープンドメインのニューラル対話システムにも急速な進展がみられる．

2014 年に seq2seq モデルのニューラル翻訳システムが提案された．同じ枠組みで，マイクロブログサービス上の発話と応答のペアを用いて seq2seq モデルを学習することより，何を言われても対話をしているかのように応答できるシステムが実現された (7 章)．これはコーパスに基づく対話研究の大きな一歩であったが，その振る舞いに全体としての一貫性はなく，雑談対話を実現したとは言いがたいものであった．

この問題を解決するために，対話の様々な側面に着目し，クラウドソーシングを用いてデータセットを構築する研究が盛んに行われてきた．それらを統合的に利用することにより，現在ではかなり自然に雑談を行うことができる対話システムが実現されている．

15.4.1 ペルソナ

まず，対話システムの振る舞いに一貫性がない大きな原因は，対話システムが一貫したペルソナ (persona, 人格) を持たない点にあった．

そこで，対話コーパスを構築する際に，各クラウドワーカにたとえば「芸術家，子供 4 人，最近車を買った，運動に散歩をしている，ゲーム・オブ・スローンズが好き」のようなペルソナ情報を与え，その情報に従って対話をしてもらうということが行われた．

Persona-Chat dataset は，このような方法で 2018 年に構築された約 16 万発話からなる対話コーパスである．

15.4.2 共感

人間の対話では，対話相手の感情を認識し，共感的 (empathetic) に反応する．しかし，マイクロブログなどから自動的に収集した対話ペアでは，そのような振る舞いを十分に学習することが困難であった．

そこでまず，驚き，怒り，誇りなど 32 種類の感情ラベルを設定し，そこからランダムに選択した感情ラベルをクラウドワーカ (話し手) に提示して，その感情が生まれる状況を書いてもらう．その上で，話し手がその状況を別のクラウドワーカ (聞き手) に説明し，その後，話し手と聞き手が何ターンかの対話を行う．このようにして収集された対話例は以下のようなものである．

> 感情ラベル: Proud(誇り)
> 状況: I finally got that promotion at work! I have tried so hard for so long to get it!
> 対話:
> 話し手: I finally got promoted today at work!
> 聞き手: Congrats! That's great!
> 話し手: Thank you! I've been trying to get it for a while now!
> 聞き手: That is quite an accomplishment and you should be proud!

Empathetic Dialogues dataset は，このような方法で 2018 年に構築された約 2.5 万発話からなる対話コーパスである．

15.4.3 知識の利用

seq2seq モデルの対話システムでは，ニューラルネットワークのパラメータに埋め込まれた「はい」や「わかりません」などの無難で単調な発話を多用する傾向がある．この問題に対処し，外部知識に根ざした発

話を行う機能を持たせた対話システムとして **Wizard of Wikipedia** がある. ここでも, そのようなシステムを学習するためのデータセットの構築がポイントとなる.

まず, 対応する Wikipedia 記事が存在する約 1,400 個の対話トピックを選定する. 2 人のクラウドワーカを wizard(名人) と apprentice(初心者) に役割分担し, いずれかが最初の話者となって, 1,400 個の中から対話トピックを選択する. そして, wizard が発話をする際には wizard だけが見える形で Wikipedia に書かれている知識を提示する. 具体的には, 対話トピックに対応する Wikipedia 記事の先頭 10 文と, 対話履歴の 2 発話 (wizard と apprentice の直前の発話) を入力として TF-IDF に基づき関連する 7 記事を検索して, それらの先頭段落を提示する. wizard は, 提示された知識を参照して発話してもよいし, 提示された知識を使わずに独自の発話を行ってもよい.

このような方法で 2018 年に構築された Wizard of Wikipedia のデータセットは, 全体で 2.2 万対話, 計 20 万発話からなる対話コーパスである. wizard の各発話には, その発話で Wikipedia のどの部分が参照されているかがタグ付けされている.

Wizard of Wikipedia の対話システムの基本構成要素は Transformer である. まず, 対話文脈から適合する Wikipedia の文を選択し, 対話の文脈 (そこまでの発話履歴) と選択された Wikipedia の文を Transformer の入力として, 次の wizard の発話を生成する. Wizard of Wikipedia のデータセットは, 外部知識を用いて対話を行うシステムの学習・評価データとして広く利用されている.

15.4.4 BlenderBot

これまでの 3 つの節で扱ってきたこと，すなわち，ペルソナを持ち，共感するこができ，外部知識を参照できることは，対話システムに求められる基本的な技能 (skill) であり，かつ対話の中でそれらの振る舞いが自然に統合される必要がある．そのような振る舞いを学習するために構築されたデータセットが BlendedSkillTalk である．

まず，2 人の対話者 (クラウドワーカ) にはペルソナが示される．また一方の対話者を「ガイド付き」とし，ガイド付き対話者には，3 つの技能それぞれを学習した対話システムによる 3 つの応答候補が示される．ガイド付き対話者はその応答候補を修正して用いてもよいし，独自の発話をしてもよい．こうすることで，人工的ではあるが 3 つの技能が統合された対話を収集することができる．BlendedSkillTalk は，このような方法で 2020 年に構築されたデータセットで，5,000 対話，1 対話あたり平均 11.2 発話からなる．

これらの一連のデータセットはいずれも Facebook AI Research によって構築されたもので，Facebook はこれらのデータセットを用いてオープンドメインの対話システム **BlenderBot** を開発した (すべてのデータセットとプログラムが公開されている [2])．

BlenderBot の基本構成要素も Transformer であり，それまでの対話履歴に加えて，対話履歴に関連する対話コーパス中の発話や外部知識 (Wikipedia) を検索し，それらをすべて入力として次の発話を生成する．2020 年の BlenderBot 1.0 では，米国の掲示板型ソーシャルニュースサイト Reddit の 15 億コメントで pre-training を行い，BlendedSkillTalk を含む 4 つのデータセットで fine-tuning が行われた．BlenderBot(と人) の対話ログと，人 (と人) の対話ログを表示し，「あなたはどちらと長く対

---

2) https://github.com/facebookresearch/ParlAI

話したいですか」と問う形で評価を行ったところ，49%対51%，すなわちBlenderBotは人と引き分けるレベルの高い対話能力であった．

さらに，2021年に発表されたBlenderBot 2.0では，数時間から数週間経ってまた対話するという設定を模擬してクラウドソーシングで対話を収集したMulti-Session Chatとよばれるデータセットを構築し，これを用いて学習することで長期記憶に基づく対話の一貫性の向上を実現した．さらに，対話中にインターネット検索を行って，その結果を外部知識として用いる機能も備えており，対話能力がさらに向上している．著者もBlenderBot 2.0との対話を試してみたが，驚くほど自然にオープンドメインの対話ができるシステムである．

15.4.5 ニューラル対話システムの今後

AI，自然言語処理の究極の目標の一つであった人間と自然に対話することができる対話システムが，ニューラル自然言語処理の進展によりかなりの程度実現されつつある．今後は，身体性を持ち，韻律，表情，身振り手振りなども加味したマルチモーダル対話システムの研究が進展していくものと思われる．

一方，残された大きな課題として安全性 (safety) の問題がある．pre-trainingで用いるテキストやクラウドソーシングで収集した人対人の対話データには有害，偏向，攻撃的な発話が含まれる可能性があり，その上で学習された対話システムはそのような発話を再現する可能性がある．ニューラル対話システムが実社会で活用されるためには，安全性に対する技術の進展が不可欠である．

15.5　講座全体のまとめ

　本講座では，コンピュータによる言語の理解と，人間のコミュニケーションや知的活動を支援することを目的とする自然言語処理の概要を説明した．自然言語処理は，2015 年頃からニューラルネットワーク研究とともに劇的に進展し続けており，SF の世界のようなシステムも実現し始めている．

　自然言語処理は人工知能 (AI) 研究の中核にも位置付けられる．もちろん技術の発展は喜ばしいことであるが，ここまでくると，人間と AI が共存する未来社会について真剣に検討を始めなければならない．一方で，現在の汎用言語モデル等の学習には超大規模な計算が必要であり，それができるのは世界の一部の企業や組織に限定される．加えて，英語での研究が中心となり，日本語を含む英語以外の研究は遅れがちである．

　もはや，自然言語処理の健全な発展は，世界の健全な発展と同じぐらい重要で難しい問題であると言っても過言ではない．

参考文献

東中竜一郎 (著) 『AI の雑談力』 角川新書, 2021

演習課題

1) Siri, しゃべってコンシェル, 音声アシストなどの音声対話システムを使ってみて, どの程度の表現バリエーションでアプリをよび出すことができるか, またどの程度, 雑談対話を行うことができるかを試してみよう.

2) 会話の公理の観点から, 現在の音声対話システムにどのような弱点があるかを考えてみよう.

索引 |

● 配列は欧文アルファベット順,和文五十音順。

著者紹介

黒橋　禎夫 （くろはし・さだお）

1966 年	京都府に生まれる
1994 年	京都大学大学院工学研究科博士後期課程修了
	京都大学工学部助手
	京都大学大学院情報学研究科講師
	東京大学大学院情報理工学系研究科助教授を経て
現在	京都大学大学院情報学研究科教授
	2023 年 4 月より国立情報学研究所所長
専攻	自然言語処理，知識情報処理
主な著書	自然言語処理 (岩波講座 ソフトウェア科学 15，共著　岩波書店)
	言語情報処理 (岩波講座 言語の科学 9，共著　岩波書店)

放送大学教材　1579371-1-2311（ラジオ）

三訂版　自然言語処理

発　行　2023 年 3 月 20 日　第 1 刷

著　者　黒橋禎夫

発行所　一般財団法人　放送大学教育振興会
　　　　〒105-0001　東京都港区虎ノ門 1-14-1　郵政福祉琴平ビル
　　　　電話 03（3502）2750

市販用は放送大学教材と同じ内容です。定価はカバーに表示してあります。
落丁本・乱丁本はお取り替えいたします。

Printed in Japan　ISBN978-4-595-32415-4　C1355